面向移动设备的深度学习——基于 TensorFlow Lite，ML Kit 和 Flutter

[印] 安努巴哈夫·辛格　等著

张满婷　译

清华大学出版社

北　京

内 容 简 介

本书详细阐述了与移动设备深度学习开发相关的基本解决方案，主要包括使用设备内置模型执行人脸检测、开发智能聊天机器人、识别植物物种、生成实时字幕、构建人工智能认证系统、使用 AI 生成音乐、基于强化神经网络的国际象棋引擎、构建超分辨率图像应用程序等内容。此外，本书还提供了相应的示例、代码，以帮助读者进一步理解相关方案的实现过程。

本书适合作为高等院校计算机及相关专业的教材和教学参考书，也可作为相关开发人员的自学用书和参考手册。

北京市版权局著作权合同登记号　图字：01-2020-6417

图书在版编目（CIP）数据

面向移动设备的深度学习：基于 TensorFlow Lite，ML Kit 和 Flutter / （印）安努巴哈夫·辛格等著；张满婷译. —北京：清华大学出版社，2023.4
　　书名原文：Mobile Deep Learning with TensorFlow Lite, ML Kit and Flutter
　　ISBN 978-7-302-63234-4

　　Ⅰ．①面…　Ⅱ．①安…　②张…　Ⅲ．①移动通信—通信设备—机器学习—研究　Ⅳ．①TN929.5 ②TP181

中国国家版本馆 CIP 数据核字（2023）第 058337 号

责任编辑：贾小红
封面设计：刘　超
版式设计：文森时代
责任校对：马军令
责任印制：沈　露

出版发行：清华大学出版社
　　　　网　　址：http://www.tup.com.cn，http://www.wqbook.com
　　　　地　　址：北京清华大学学研大厦 A 座　　　邮　编：100084
　　　　社 总 机：010-83470000　　　　　　　　　邮　购：010-62786544
　　　　投稿与读者服务：010-62776969，c-service@tup.tsinghua.edu.cn
　　　　质量反馈：010-62772015，zhiliang@tup.tsinghua.edu.cn
印 装 者：艺通印刷（天津）有限公司
经　　销：全国新华书店
开　　本：185mm×230mm　　　印　　张：21.25　　　字　　数：426 千字
版　　次：2023 年 5 月第 1 版　　　　　　　　印　　次：2023 年 5 月第 1 次印刷
定　　价：109.00 元

产品编号：088859-01

译 者 序

2021 年年初，一段江西省图书馆机器人吵架的视频火遍网络，视频中两个机器人超纲的"人性化"语言让众多网友不禁怀疑它们是由后台人工扮演的。虽然这两个机器人确实有点"语出惊人"，但是，有越来越多的机器人对话视频证明，目前的 AI 聊天机器人已经做到了越来越自然，甚至达到了几可乱真的地步。换言之，AI 已经深入大众的生活，并正在以不可思议的速度快速发展。

本书介绍了在移动设备上使用 TensorFlow Lite、ML Kit 和 Flutter 部署深度学习模型的诸多项目实例，这些项目都是我们在日常生活中可能接触到的实用项目。例如，第 2 章介绍的人脸检测程序，可广泛应用于视频人像跟踪识别、视频聊天和游戏中的人脸检测等；第 3 章介绍的智能聊天机器人项目，使用 Dialogflow API 实现，可以为语音导航、客户服务等提供更好的支持；第 4 章的识别植物物种项目，是典型的对象（目标）识别程序，可应用于商品识别和推荐系统等；第 5 章的为摄像头画面生成实时字幕项目，使用了 IBM 开发的 MAX Image Caption Generator 模型，可用于动态视频流的解读，为视觉障碍人士创建辅助技术；第 6 章介绍了 AI 身份验证系统，能够识别异常登录情况，这样，当你人在国内时，骗子就无法在国外登录你的账号盗取你的信息和资金了；第 7 章介绍了一个使用 Magenta 生成鼓乐的示例，未来这方面的应用也许会有更大的发展；第 8 章介绍了 Google DeepMind 的 AlphaGo 及其兄弟项目 Alpha Zero，它们因为战胜了人类顶尖棋手而广受瞩目，并极大地促进了深度学习模型的发展；第 9 章提供了一个生成超分辨率图像的示例，使用了超分辨率 GAN（SRGAN），这是生成对抗网络的一种变体，适用于将低分辨率的老照片转换为超高分辨率的图像。

在翻译本书的过程中，为了更好地帮助读者理解和学习，本书以中英文对照的形式保留了大量的原文术语，这样的安排不但方便读者理解书中的代码，而且也有助于读者通过网络查找和利用相关资源。

本书由张满婷翻译，唐盛、陈凯、黄进青、马宏华、黄刚、郝艳杰、黄永强、熊爱华等参与了部分翻译工作。由于译者水平有限，疏漏之处在所难免，在此诚挚欢迎读者提出意见和建议。

译 者

前　　言

深度学习正迅速成为业界最热门的话题。本书采用以工业和移动应用为中心的方法介绍深度学习的概念及其用例。本书将讨论一系列项目，涵盖移动视觉、面部识别、智能 AI 助手和增强现实等任务。

借助本书提供的 8 个实际项目，你将深入了解把深度学习流程集成到 iOS 和 Android 移动平台的实战操作。这将帮助你有效地将深度学习功能转换为强大的移动应用程序。

本书可让你亲身体验到如何选择正确的深度学习架构并优化移动应用中的深度学习模型，同时遵循面向应用程序的方法在原生移动应用程序上进行深度学习。

本书还将介绍各种预训练和定制的基于深度学习模型的 API，如通过 Google Firebase 使用的 ML Kit。此外，本书还将带你了解在 TensorFlow Lite 的帮助下使用 Python 创建自定义深度学习模型的示例。本书每个项目都会演示如何将深度学习库集成到你的移动应用程序中，从准备模型到实际部署都有详细介绍。

通读完本书之后，相信你将掌握在 iOS 或 Android 上构建和部署高级深度学习移动应用程序的技能。

本书读者

本书面向希望利用深度学习的力量创造更好的用户体验或希望将强大的 AI 功能引入其应用的程序开发人员。同时，本书也适用于希望将深度学习模型部署到跨平台移动应用程序的深度学习从业者。

要充分利用本书，你需要对移动应用程序的工作原理有基本的了解，并能够很好地理解 Python，同时最好具备高中水平的数学知识。

内容介绍

本书共分 10 章，另外还有一个介绍基础操作的附录。

第 1 章："移动设备深度学习简介"，阐释深度学习在移动设备上的新兴趋势和重要性。本章解释了机器学习和深度学习的基本概念，还介绍了可用于将深度学习与 Android 和 iOS 集成的各种选项。最后，本章还介绍了使用原生和基于云的方法实现深度学习项目。

第 2 章："移动视觉——使用设备内置模型执行人脸检测"，介绍 ML Kit 中可用的移动视觉模型。本章解释了图像处理的概念，并提供了在 Keras 中创建人脸检测模型的实例。该实例可用于移动设备，并使用了 Google Cloud Vision API 进行人脸检测。

第 3 章："使用 Actions on Google 平台开发智能聊天机器人"，介绍如何通过扩展 Google Assistant 的功能来帮助你创建自定义聊天机器人。该项目很好地演示了如何使用 Actions on Google 平台和 Dialogflow 的 API 构建应用程序，可使你的程序拥有智能语音和基于文本的对话界面。

第 4 章："识别植物物种"，深入讨论如何构建能够使用图像处理执行视觉识别任务的自定义 Tensorflow Lite 模型。该项目开发的模型可在移动设备上运行，主要用于识别不同的植物物种。该模型可使用深度卷积神经网络（CNN）进行视觉识别。

第 5 章："为摄像头画面生成实时字幕"，介绍一种为摄像头画面实时生成自然语言字幕的方法。在此项目中，你将创建自己的摄像头应用程序，该应用程序使用由图像字幕生成器生成的自定义预训练模型。该模型可使用卷积神经网络（CNN）和长短期记忆网络（LSTM）生成字幕。

第 6 章："构建人工智能认证系统"，演示对用户进行身份验证的方法，并创建了一种机制来识别罕见和可疑的用户交互。在识别出罕见事件（即那些与大多数情况不同的事件）后，用户将不被允许登录，并收到一条消息，说明检测到恶意用户。当相关应用程序包含高度安全的数据（如机密电子邮件或虚拟银行金库）时，这可能非常有用。该项目可在网络请求标头上使用基于 LSTM 的模型来对异常登录进行分类。

第 7 章："语音/多媒体处理——使用 AI 生成音乐"，探索使用 AI 生成音乐的方法。本章阐释了多媒体处理技术，演示了在样本训练后用于生成音乐的方法。本章项目可使用循环神经网络（RNN）和基于 LSTM 的模型来生成 MIDI 音乐文件。

第 8 章："基于强化神经网络的国际象棋引擎"，讨论 Google DeepMind 开发的 AlphaGo 及其后续产品的原理，以及如何将强化神经网络用于 Android 平台的机器辅助游戏。本章项目将首先创建一个 Connect 4 引擎，以获得构建自学游戏 AI 的灵感。然后，你将开发基于深度强化学习的国际象棋引擎，并将其作为 API 托管在 Google 云平台（GCP）。最后，可使用国际象棋引擎的 API 在移动设备上运行游戏。

第 9 章："构建超分辨率图像应用程序"，介绍一种借助深度学习生成超分辨率图像的方法。你将学习在 Android/iOS 上处理图像的第三种方法，以及如何创建可以托管在 DigitalOcean 上，并集成到 Android/iOS 应用程序中的 TensorFlow 模型。由于此模型是高度资源密集型的，因此最好在云上托管该模型。该项目使用了生成对抗网络（GAN）。

第 10 章："未来之路"，简要介绍当今移动应用程序中最流行的深度学习应用程序、当前趋势以及未来该领域的预期发展。

充分利用本书

你需要在本地系统上安装可运行的 Python 3.5+。建议将 Python 作为 Anaconda 发行版的一部分进行安装。要构建移动应用程序，你还需要安装 Flutter 2.0+。

此外，在本书中，你通常会同时需要 TensorFlow 1.x 和 TensorFlow 2.x，因此，拥有两个 Anaconda 环境是必不可少的，具体需求如表 P-1 所示。

表 P-1

本书软硬件需求	操作系统需求
Jupyter Notebook	任何具有更新网络浏览器的操作系统（最好是 Google Chrome/Mozilla Firefox/Apple Safari）。最低 RAM 要求：4 GB；建议 8 GB 或以上
Microsoft Visual Studio Code	任何具有 4 GB 以上 RAM 的操作系统；建议 8 GB 或以上
开发人员可以拿到的 Android/iOS 智能手机	至少有 2 GB 的 RAM；建议 3 GB 或以上

本书用到的所有软件工具都是免费提供的。但是，你需要提供信用卡/借记卡详细信息才能激活 GCP 或 DigitalOcean 平台。

Flutter 移动应用程序的深度学习处于开发的早期阶段。阅读本书后，如果你能够撰写有关如何在移动应用程序上执行机器学习或深度学习的博客和视频，那么你将为应用程序开发人员和机器学习从业者不断发展的生态系统做出重要贡献。

下载示例代码文件

读者可以从 www.packtpub.com 下载本书的示例代码文件。具体操作步骤如下。

（1）注册并登录 www.packtpub.com。

（2）在页面顶部的搜索框中输入图书名称 Mobile Deep Learning with TensorFlow Lite，ML Kit and Flutter（不区分大小写，也不必输入完整），即可看到本书，单击打开链接，如图 P-1 所示。

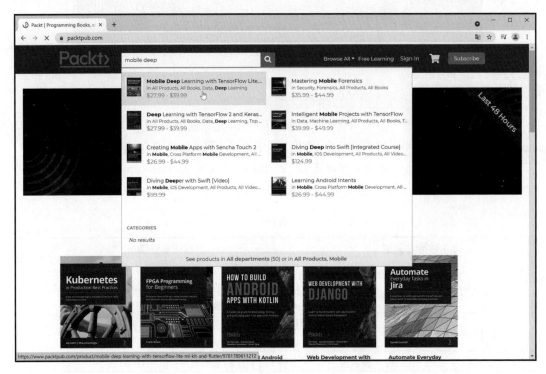

图 P-1

（3）在本书详情页面中，找到并单击 Download code from GitHub（从 GitHub 下载代码文件）按钮，如图 P-2 所示。

💡 提示：

　　如果你看不到该下载按钮，可能是没有登录 packtpub 账号，该站点可免费注册账号。

（4）在本书 GitHub 源代码下载页面中，单击右侧的 Code（代码）按钮，在弹出的下拉菜单中选择 Download ZIP（下载压缩包），如图 P-3 所示。

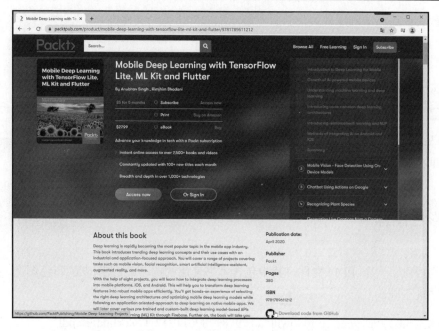

图 P-2

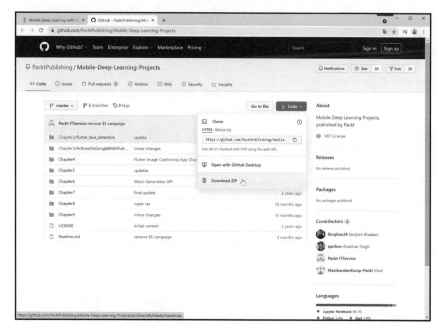

图 P-3

下载文件后，请确保使用最新版本解压缩或解压缩到文件夹。

❑ WinRAR/7-Zip（Windows 系统）。

❑ Zipeg/iZip/UnRarX（Mac 系统）。

❑ 7-Zip/PeaZip（Linux 系统）。

也可以直接访问本书在 GitHub 上的存储库，其网址如下。

https://github.com/PacktPublishing/Mobile-Deep-Learning-Projects

如果代码有更新，则会在现有 GitHub 存储库上更新。

下载彩色图像

我们提供了一个 PDF 文件，其中包含本书使用的屏幕截图/图表的彩色图像。可以通过以下地址下载。

https://static.packt-cdn.com/downloads/9781789611212_ColorImages.pdf

本书约定

本书使用了许多文本约定。

（1）有关代码块的设置如下所示。

```
dependencies:
    flutter:
        sdk: flutter
    firebase_ml_vision: ^0.9.2+1
    image_picker: ^0.6.1+4
```

（2）任何命令行输入或输出都采用如下所示的粗体代码形式。

```
curl -O <link_you_have_copied>
```

（3）术语或重要单词采用中英文对照形式，在括号内保留其英文原文。示例如下。

利用自然语言处理（natural language processing，NLP）的强大功能，虚拟助手可以从用户的口语中识别命令，并从上传到助手的图像中识别人和宠物。虚拟助手甚至还可以从任何它们能够访问的在线相册中找到目标。

（4）对于界面词汇或专有名词将保留英文原文，在括号内添加其中文译名。示例如下。

　　确保在 Firewall（防火墙）部分，选中了 Allow HTTP traffic（允许 HTTP 流量）和 Allow HTTPS traffic（允许 HTTPS 流量）复选框。

（5）本书还使用了以下两个图标。

表示警告或重要的注意事项。

表示提示或小技巧。

关 于 作 者

Anubhav Singh 是 The Code Foundation 的创始人，这是一家专注于人工智能的初创公司，致力于多媒体处理和自然语言处理，目标是让每个人都可以使用人工智能。Anubhav 是 Venkat Panchapakesan 纪念奖学金的获得者，并获得"英特尔软件创新者"称号。Anubhav 喜欢分享自己学到的知识，并且是 Google Developers Group（谷歌开发者社区）的活跃发言人，经常热心指导他人进行机器学习。

Rimjhim Bhadani 是开源爱好者，她信奉的是以最低的成本让每个人都能获得开发资源。她是移动应用程序开发的忠实拥趸，开发了许多项目，其中大部分旨在解决日常生活中的各种挑战。她一直是 Google Code-in 的 Android 导师和 Google Summer of Code 的 Android 开发人员。她为社区服务的热情使她获得了 Google Venkat Panchapakesan 纪念学者称号，并获得了 2019 年 Grace Hopper Student Scholarship 奖励。

关于审稿人

    Subhash Shah 是一位经验丰富的解决方案架构师，他拥有 14 年的软件开发经验，现在担任独立技术顾问。他是开源开发及其在解决关键业务问题中的应用的倡导者。他的兴趣包括微服务架构、企业解决方案、机器学习、集成和数据库。Subhash Shah 是质量代码和测试驱动开发（test-driven development，TDD）的支持者，他的技术能力包括将业务需求转换为可扩展的架构和设计可持续的解决方案。Subhash Shah 还是 Hands-On High Performance with Spring 5（高性能 Spring 5 开发实战）、Hands-On AI for Banking（银行业人工智能实战）和 MySQL 8 Administrator's Guide（MySQL 8 管理员指南）等图书的合著者，这些图书均由 Packt Publishing 出版。此外，Subhash Shah 也担任过其他图书的技术审稿人。

目　　录

第 1 章　移动设备深度学习简介

本章将探索在移动设备上进行深度学习的新途径。我们将阐释机器学习和深度学习的基本概念，并介绍可用于将深度学习与 Android 和 iOS 系统集成的各种选项。本章还将讨论如何使用原生和基于云的学习方法实现深度学习项目。

本章涵盖以下主题。

❑　人工智能（AI）驱动的移动设备的增长。
❑　机器学习和深度学习概念阐释。
❑　一些常见的深度学习架构。
❑　强化学习和自然语言处理（NLP）方法介绍。
❑　在 Android 和 iOS 上集成 AI 的方法。

1.1　人工智能驱动的移动设备的增长

人工智能（artificial intelligence，AI）已经变得比过去更具移动性，因为现在即使很小的设备也拥有很强的计算能力。随着人工智能的引入，原本只是用来打电话和发短信的移动设备现在已经变成人们生活中不可或缺的智能手机。这些设备现在能够利用 AI 不断增强的能力学习用户行为和偏好、增强照片效果或进行全面的人机对话等。

1.1.1　支持人工智能的硬件变化

为了满足人工智能所需的高计算能力，手机的硬件支持一直在变化和增强，从而为人工智能提供思考和行动的能力。移动设备生产企业一直在不断升级对移动设备的硬件支持，以提供无缝和个性化的用户体验。

华为推出了麒麟 980 和 990 等高端芯片，它使用专门的神经网络处理单元实现终端 AI 体验。Apple 配备了称为神经引擎（neural engine）的 AI 芯片，这是 A14 仿生芯片的一部分。它可用于机器学习和深度学习任务，例如面部和语音识别、录制动话表情以及在捕获图片时进行对象（目标）检测。高通和联发科也已经发布了自己的芯片，支持终端上的人工智能解决方案。三星发布的 Exynos 9810 也是一款基于神经网络的芯片，支持设备上的人工智能运算。

Google 推出了 Word Lens 镜头即时翻译，只要你拿出手机打开应用里的摄像头，对着身边任何一处外文拍照，即可看到相应的翻译。该技术最多可以翻译 54 种语言。

手机摄像头现在也足够智能，可以在 f/2.4 和 f/1.5 传感器之间做出选择，非常适合在低光照条件下拍摄照片。Google Pixel 2 甚至还通过其协处理器 Pixel Visual Core 集成了 8 个图像处理单元，以充分利用机器学习的强大功能。

1.1.2　移动设备需要 AI 芯片的原因

人工智能芯片的加入不仅有助于实现更高的效率和计算能力，而且还保护了用户的数据和隐私。在移动设备上加入 AI 芯片的优势如下。

- ❑ 性能：当前移动设备的 CPU 不适应机器学习的需求。尝试在这些设备上部署机器学习模型通常会导致服务缓慢和电池消耗更快，从而导致糟糕的用户体验。这是因为 CPU 缺乏执行 AI 计算所需的海量小型计算的效率。AI 芯片有点类似于负责处理设备上图形的图形处理单元（graphical processing unit，GPU）芯片，它提供了一个单独的空间来执行专门与机器学习和深度学习过程相关的计算。这允许 CPU 将时间集中在其他重要任务上。随着专门的人工智能硬件的加入，移动设备的性能和电池寿命都得到了改善。
- ❑ 用户隐私：硬件也保证了用户隐私安全性的增加。在传统的移动设备中，数据分析和机器学习过程需要将用户的大量数据发送到云端，从而对用户的数据隐私和移动设备的安全性构成威胁。随着移动设备上 AI 芯片的运行，所有必需的分析和计算都可以在设备上离线执行。这种在移动设备中集成的专用硬件极大地降低了用户数据被黑客入侵或泄露的风险。
- ❑ 效率：在现实世界中，通过结合人工智能芯片，图像识别和处理等任务可能会更快。华为的神经网络处理单元就是一个很好的例子。它可以按每秒 2000 张图片的效率识别图像。该公司声称这比标准 CPU 所花费的时间快 20 倍。在处理 16 位浮点数时，它可以执行 1.92teraflop（teraflop 表示每秒 1 万亿次浮点运算）。Apple 的神经引擎每秒可以处理大约 6000 亿次操作。
- ❑ 经济：移动设备上的 AI 芯片减少了将数据发送到云端的需要。此功能使用户能够离线访问服务并保存数据。因此，使用该应用程序的人不必为服务器付费。这对用户和开发人员都是有利的。

接下来，我们将解释移动设备上的 AI 如何影响用户与智能手机的交互方式。

1.1.3　使用 AI 在移动设备上改善用户体验

人工智能的使用极大地增强了移动设备上的用户体验，这可以大致分为以下几类。

- ❑ 个性化。
- ❑ 虚拟助手。
- ❑ 面部识别。
- ❑ AI 驱动的摄像头。
- ❑ 预测文本。

现在就让我们逐项分析一下这些类型。

1.1.4　个性化

个性化（personalization）主要意味着修改服务或产品以适应特定个人的偏好，这有时与个人的聚类有关。在移动设备上，人工智能的使用有助于改善用户体验，让设备和应用程序适应用户的习惯及其独特的个人喜好，而不是面向通用的个人配置的应用程序。

移动设备上的 AI 算法可利用已经收集到的用户特定数据（如设备当前所在的位置、用户购买历史和行为模式）来预测当前和未来的个性化交互，例如某个用户喜欢在上午 8 点左右晨练，在午餐时习惯听音乐。

人工智能可收集与用户的购买历史相关的数据，并将其与从在线流量、移动设备、嵌入电子设备中的传感器和车辆中获得的其他数据整合在一起，然后使用这些整合编译之后的数据来分析用户的行为，并允许商家采取必要的措施来提高用户的参与率。因此，用户可以利用人工智能应用的优势来获得个性化的结果，这将减少他们花费在滚动页面上的时间，使他们可以探索更多的产品和服务。

这方面最好的例子是在淘宝和京东等购物平台或 YouTube 和百度等媒体平台上运行的推荐系统，它们能够把你想看的内容精准推送给你。

🛈 **注意：**

2011 年，亚马逊宣布销售额增长了 29%，从 99 亿美元增至 128.3 亿美元。凭借其最成功的推荐率，亚马逊 35% 的销售额来自其产品推荐引擎引导的客户。

1.1.5　虚拟助手

虚拟助手（virtual assistant）是一种理解语音命令并为用户完成任务的应用程序。它们能够使用自然语言理解（natural language understanding，NLU）来解释人类语音，并且通常通过合成语音进行响应。你可以使用虚拟助理来完成真正的私人助理会为你完成的几乎所有任务，例如，代表你打电话、记下你口述的笔记、打开或关闭家中的灯、在家庭自动化的帮助下办公、为你播放音乐，甚至可以简单地与你谈论任何你想谈论的话题。

虚拟助手能够以文本、音频或视觉手势的形式接收命令。随着时间的推移，虚拟助手会适应用户习惯并变得更聪明。

利用自然语言处理（natural language processing，NLP）的强大功能，虚拟助手可以从用户的口语中识别命令，并从上传到助手的图像中识别人和宠物。虚拟助手甚至还可以从任何它们能够访问的在线相册中找到目标。

目前市场上最受欢迎的虚拟助手是亚马逊的 Alexa、Google 的 Assistant（助理）、iPhone 的 Siri、微软的 Cortana（小娜）和运行在三星设备上的 Bixby。

一些虚拟助手是被动的听众，只有在收到特定的唤醒命令时才会响应。例如，可以使用"Hey Google"或"OK Google"命令来激活 Google Assistant，然后使用"关闭卧室灯"命令使它关灯，或者使用"给<联系人姓名>打电话"让它从你的联系人列表中搜索并呼叫某人。在 Google IO '18 中，Google 推出了 Duplex 电话预订 AI，表明 Google Assistant 不仅可以拨打电话，还可以进行对话，甚至可以自己预订美发沙龙。

虚拟助手的用户呈指数级增长，54%的用户认为虚拟助手有助于简化日常任务，31%的用户已经在日常生活中使用助手。此外，64%的用户使用虚拟助手的目的不止一个。

1.1.6　面部识别

面部识别（facial recognition）技术可以从数字图像和视频中识别或验证面部或理解面部表情。该系统通常可以将给定图像中最常见和最突出的面部特征与存储在数据库中的面部进行比较。面部识别还能够根据个人的面部纹理和形状来理解模式和变化，以识别个人。在此基础上，还可以有基于生物识别 AI 的应用。

最初，面部识别是计算机应用程序的一种形式。但是，最近它也被广泛用于移动平台。面部识别与指纹和虹膜识别（iris recognition）等生物识别技术相结合，在移动设备的安全系统中得到了普遍应用。

一般来说，人脸识别的过程分两个步骤进行——首先是特征提取和选择，然后是对象的分类。后来的开发引入了其他几种方法，例如使用面部识别算法、三维识别、皮肤纹理分析和热像仪等。

在 Android 智能手机中，已经出现了基于指纹的身份验证系统，而 Face ID 则是其后继者，并且已经引入了 Apple iPhone X。

Face ID 的人脸识别传感器由两部分组成：Romeo（罗密欧）模块和 Juliet（朱丽叶）模块。Romeo 模块负责将 30000 多个红外点投射到用户的脸上。该模块的对应部分——Juliet 模块，则读取由用户脸上的点形成的图案，然后将模式发送到设备 CPU 的安全飞地（secure enclave）模块，以确认面部是否与所有者匹配。Apple 无法直接访问这些面部图案。这是额外的安全层。

该技术可从用户外貌的变化中学习，并且可以在化妆、胡须生长、戴眼镜、太阳镜和帽子等情况下正常工作。它还可以在黑暗中工作。Flood Illuminator（泛光照明器）是一种专用的红外闪光灯，可将不可见的红外光投射到用户的脸上，以正确读取面部点，并帮助系统在弱光条件下甚至在黑暗中运行。

与 iPhone 不同的是，三星等设备主要依赖二维面部识别以及虹膜扫描仪。

ℹ注意：

受益于面部识别的全球软件市场预计将从 2017 年的 38.5 亿美元增长到 2023 年的 97.8 亿美元。亚太地区占其市场份额的 16% 左右，是增长最快的地区。

1.1.7　人工智能驱动的相机

人工智能在相机中的集成使它们能够识别、理解、增强场景和照片。人工智能相机能够理解和控制相机的各种参数。这些相机基于称为计算摄影（computational photography）的数字图像处理技术的原理，使用算法而不是光学过程来寻求使用机器视觉识别和改进图片的内容。这些相机可使用在包含数百万个样本的庞大图像数据集上训练的深度学习模型来自动识别场景、光线的可用性以及被捕获场景的角度。

当相机指向正确的方向时，相机的人工智能算法便会接管并更改相机的设置，以产生最佳质量的图像。就底层而言，支持人工智能摄影的系统并不简单。它所使用的模型经过高度优化，几乎可在实时检测到要捕获的场景特征时生成正确的相机设置。它们还可以为图像添加动态曝光、颜色调整和最佳效果。有时，图像可能会由人工智能模型自动进行后处理，而不是在点击照片期间进行处理，以减少设备的计算开销。

如今，移动设备普遍配备双镜头相机。这些相机使用两个镜头在照片上添加散景效果（bokeh effect）。散景效果也称为模糊（blur），可为主要拍摄对象周围的背景增添一种模糊感，使其在美学上令人愉悦。基于人工智能的算法有助于识别主体并模糊剩余的部分，从而产生肖像效果。

Google Pixel 3 相机在两种拍摄模式下工作，称为 Top Shot 和 Photobooth。Top Shot 拍摄模式的原理是在启用动态拍摄时，可以利用 AI 运算"最佳时刻"的拍摄图片，例如，找出最好的客观因素（如环境、拍摄亮度）与主观因素（如被拍的人是否闭眼、脸部情绪等），并在 1.5 s 内拍摄多张照片，再从中挑选两张 AI 判定的最佳照片来存储。这是通过提供给相机的图像识别系统的大量训练实现的。经过训练之后，AI 能够选择最好看的图片，就像人类在挑选照片一样。

Photobooth 模式允许用户简单地将手持设备对准动作场景，并且在相机预测图像完美的时刻自动拍摄图像。

1.1.8　预测文本

预测文本（predictive text）是一种输入技术，常用于消息应用。当你输入消息内容时，它会根据输入的单词和短语向用户建议单词。这就好比你在百度搜索框中输入"机器学习"时，会自动出现"机器学习算法""机器学习 Python""机器学习实战"等建议一样。每次按键后的预测都是唯一的，而不是以相同的顺序生成字母的重复序列。

预测文本可以允许通过单个按键输入整个单词，这可以显著加快输入过程，使输入任务（例如输入文本消息、编写电子邮件或输入地址簿中的地址）变得非常高效，并且几乎不需要使用设备密钥。

预测文本系统将用户的首选界面风格与其操作预测文本软件的学习能力水平联系起来，通过分析和适应用户的语言，系统最终会变得更加智能。

T9 词典是此类文本预测器的一个很好的例子。它可以分析已使用词的频率并产生多个最可能的词。它还能考虑单词的组合。

🛈 注意：

Quick Type（快速输入）是 Apple 在其 iOS 8 版本中宣布的预测文本功能。它使用机器学习和自然语言处理（NLP）技术，允许软件根据用户的打字习惯构建自定义词典。

这些字典可用于预测。这些预测系统还取决于对话的上下文，并且它们能够区分正式语言和非正式语言。此外，它还支持世界各地的多种语言，包括美国英语、英国英语、加拿大英语、澳大利亚英语、法语、德语、意大利语、巴西葡萄牙语、西班牙语和泰语等。

Google 还推出了一项新功能，可帮助用户比以前更快地撰写和发送电子邮件。这项名为 Smart Compose 的功能可以理解输入的文本，以便人工智能可以建议单词和短语从而完成整个句子。Smart Compose 还可以纠正拼写错误和语法错误，并为用户推荐最常输入的单词，帮助用户在编写电子邮件时节省时间。

Google 还有一个值得称道的功能是 Smart Reply，它类似于 LinkedIn（领英）消息中的回复建议，可根据用户收到的电子邮件上下文提供回复建议，用户只需要单击按钮即可。例如，如果用户收到一封祝贺他们已接受应用程序的电子邮件，则 Smart Reply 功能很可能会提供回复选项——"谢谢！""谢谢你让我知道""谢谢你接受我的申请"等。然后，用户可以单击首选项并发送快速回复。

ℹ️ **注意：**

1940 年代，林语堂发明了"明快中文打字机"，操作员可以根据汉字的字形来输入第一部分的字根，然后打字机会根据选择的字根来旋转大滚筒，将拥有同一类字形汉字的那一条滚筒转到工作区域。然后输入第二部分的字根，最后找到正确的汉字。这种选字机制和预测文本的原理有异曲同工之妙。

1.1.9　最流行的使用人工智能的移动应用程序

最近，我们看到将人工智能纳入其功能，以提高用户参与度和定制服务交付的应用程序数量在激增。本节将简要讨论一些移动应用领域的最大参与者，看看它们如何利用人工智能的优势来促进其业务发展。具体内容如下。

- ❑ Netflix。
- ❑ Seeing AI。
- ❑ Allo。
- ❑ English Language Speech Assistant。
- ❑ Socratic。

1.1.10　Netflix

在移动应用中，机器学习的最佳和最受欢迎的例子是 Netflix。该应用采用线性回归、逻辑回归等机器学习算法，可为用户提供完美的个性化推荐体验。

按演员、流派、长度、评论和年份等分类的内容非常适用于训练机器学习算法。所有这些机器学习算法都可学习并适应用户的行为、选择和偏好。例如，约翰看了一部新电视连续剧的第一集，但不是很喜欢，所以他不会看后续的剧集。Netflix 的推荐系统知道他不喜欢这种类型的电视节目，因此会将它们从约翰的推荐中删除。同样，如果约翰从推荐列表中选择了第 8 条推荐，或者在看完电影预告片后写了一篇差评，则算法会尝试适应他的行为和偏好，以提供完全个性化的内容。

1.1.11　Seeing AI

Seeing AI 由 Microsoft 开发，是一款智能相机应用程序，它使用计算机视觉来帮助盲人和视觉障碍人士了解周围环境。它具有多种功能，例如为用户朗读短文本和文档，提供关于某个人的描述，识别货币、颜色、笔迹、光线，甚至可识别其他应用程序中的图像。为了使应用程序更加超前并且可实时响应，开发人员采用了使服务器与 Microsoft 认知服务（Microsoft Cognitive Service）通信的思路。该应用程序汇集了光学字符识别（optical character recognition，OCR）、条码扫描器、人脸识别和场景识别等技术，可为用户提供一系列强大的功能。

1.1.12　Allo

Allo 是由 Google 开发的以人工智能为中心的消息通信应用程序。截至 2019 年 3 月，Allo 已停止运行。但是，这是 Google 人工智能应用程序旅程中的一个重要里程碑。该应用程序允许用户通过语音在他们的 Android 手机上执行操作。它使用了 Smart Reply，这是一项通过分析对话上下文来建议单词和短语的功能。该应用程序不仅限于文本。事实上，它同样能够分析对话期间共享的图像并建议回复。这是通过强大的图像识别算法实现的。

后来，这个 Smart Reply 功能也在 Google 收件箱中实现，现在它也出现在 Gmail 应用程序中。

1.1.13　English Language Speech Assistant

English Language Speech Assistant（ELSA）被评为基于人工智能的前五名应用程序之一，是世界上最聪明的人工智能语音导师。

English Language Speech Assistant 移动应用可帮助人们改善发音。它被设计为冒险游戏，按级别区分。每个级别提供一组单词供用户发音，作为输入。程序可仔细检查用户的反应以指出他们的错误并帮助他们改进。当应用程序检测到错误的发音时，它会通过指导用户正确的嘴唇和舌头动作来教用户正确发音，以便正确说出单词。

1.1.14　Socratic

Socratic 是一款教学辅导应用程序，其名称源于古希腊著名哲学家 Socrates（苏格拉底）。它允许用户对数学问题进行拍照，并给出解释其背后理论的答案，以及如何求解问题的详细信息。

该应用不仅限于数学。目前，它可以帮助用户学习 23 个不同学科，包括英语、物理、化学、历史、心理学和微积分。该应用程序可利用人工智能的强大功能来分析所需的信息，并返回带有分步解决方案的视频。

该应用程序的算法与计算机视觉技术相结合，能够从图像中读取问题。此外，它还使用了针对数百万个示例问题进行训练的机器学习分类器，这也有助于准确预测要解决的问题所涉及的概念。

接下来，让我们更深入地了解一下机器学习和深度学习。

1.2　机器学习和深度学习

要想研究与人工智能领域相关的技术和算法并获取相应的解决方案，理解机器学习和深度学习的一些关键概念非常重要。

当我们谈论人工智能的现状时，通常指的是能够通过大量数据找到模式并基于这些模式进行预测的系统。

虽然人工智能（artificial intelligence，AI）一词给人带来的印象可能是科技感满满的会说话的人形机器人或会自动驾驶的汽车，但是这些高大上形象的背后实际上是以图（graph）的形式和互连计算模块网络为支撑的。

接下来，我们首先介绍机器学习。

1.2.1　机器学习详解

1959 年，Arthur Samuel 创造了机器学习（machine learning，ML）一词。他将机器学习描述为"使计算机在没有明确编程的情况下进行学习"。塞缪尔编写了第一个版本的跳棋程序，他设想能够进行机器学习的程序有一天将击败世界顶级棋手。这一设想在今天已经变为现实。

机器学习属于计算机科学领域，它使机器能够从过去的经验中进行学习，并可根据这些经验进行预测。

机器学习的更精确定义可表述如下。

❑　如果某计算机程序在任务 T 中的性能（由 P 衡量）随着经验 E 的提高而提高，则可以从经验 E 中学习有关某类任务 T 和性能度量 P 的信息。这样的程序称为机器学习程序。

❑ 使用上面的定义，在目前常见的类比中，T 是与预测相关的任务（task），而 P 是计算机程序在执行任务 T 时所达到的准确率的度量，称为性能（performance）。程序学习所获得的经验（experience）被称为 E。随着 E 的增加，计算机程序将做出更好的预测，这意味着 P 会提高，因为程序将以更高的准确率执行任务 T。

❑ 在现实世界中，你可能会遇到一位老师教学生执行某项任务，然后通过让学生参加考试来评估学生执行任务的技能。学生接受的训练越多，他们完成任务的能力就越强，他们在考试中的得分也就越高。像这样有老师的学习称为监督学习（supervised learning），而没有老师的学习则称为无监督学习（unsupervised learning）。在它们之间还有一种学习方式称为半监督学习（semi-supervised learning），就是老师不教学生，但是学生提交答案时，老师可以判断对错。

接下来，我们介绍深度学习。

1.2.2 深度学习详解

长期以来，我们一直都听到"学习"这个词，在某些情况下，它通常意味着在执行任务时获得经验。然而，当以"深度"为前缀时，又意味着什么呢？

在计算机科学中，深度学习（deep learning）是指一种机器学习模型，它涉及一个以上的学习层。这意味着计算机程序由多种算法组成，数据通过这些算法一一传递，最终产生所需的输出。

深度学习系统是使用神经网络的概念创建的。神经网络由连接在一起的神经元层组成，数据从一层神经元传递到另一层，直至到达最终层或输出层。神经元的每一层所获取的数据输入都是上一层的输出，它可以和最初提供给神经网络的形式相同，也可以不同。

图 1-1 显示了神经网络示意图。

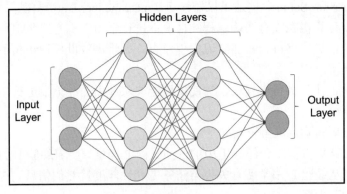

图 1-1

原　　文	译　　文
Hidden Layers	隐藏层
Input Layer	输入层
Output Layer	输出层

图 1-1 包含了一些术语，我们来简要认识一下它们。

1.2.3　输入层

保存输入值的层称为输入层（input layer）。有些人认为该层实际上不是一个层，而只是一个保存数据的变量，因此是数据本身，而不是一个层。然而，保持层的矩阵的维度很重要，必须正确定义神经网络才能与第一个隐藏层通信。因此，它在概念上实际就是一个保存数据的层。

1.2.4　隐藏层

任何介于输入层和输出层之间的层都称为隐藏层（hidden layer）。生产环境中使用的典型神经网络可能包含数百个输入层。

一般来说，隐藏层包含比输入层或输出层更多的神经元。但是，在某些特殊情况下，这可能不成立。在隐藏层中有更多的神经元通常是为了处理输入层以外的维度中的数据。这允许程序获得可能在数据中不可见的见解或模式。

神经网络的复杂性直接取决于网络中神经元的层数。虽然神经网络可以通过添加更多层来发现数据中更深的模式，但它也增加了网络的计算成本。网络也有可能进入一种称为过拟合（overfitting）的错误状态。相反，如果网络太简单，或者说不够深，就会达到另一种错误状态，称为欠拟合（underfitting）。

🛈 注意：

有关过拟合和欠拟合的详细信息，可访问以下网址。

https://towardsdatascience.com/overfitting-vs-underfitting-a-conceptual-explaining-d94ee20ca7f9

1.2.5　输出层

最后一层称为输出层（output layer）。它将生成所需的输出并保存起来。该层通常对应着所需输出类别的数量，或者具有一个保存所需回归输出的神经元。

1.2.6　激活函数

神经网络中的每一层都经历了一个称为激活函数（activation function）的应用。该函数的作用是将神经元中包含的数据保持在归一化范围内，否则这些数据会变得太大或太小，并导致在计算机中出现与处理较大的十进制系数或较大数字相关的计算错误。此外，激活函数使神经网络能够处理数据中模式的非线性。

1.3　一些常见的深度学习架构

在理解了一些关键术语之后，现在让我们深入了解一下深度学习的世界。本节将学习一些著名的深度学习算法及工作原理。

1.3.1　卷积神经网络

卷积神经网络（convolutional neural network，CNN）是受动物视觉皮层启发的，主要用于图像处理，并且已经成为事实上的标准。卷积层的核心概念是其内核（kernel），该内核也称为滤波器（filter），它可以学习图像特征以区分图像。

卷积内核通常是比图像矩阵短得多的矩阵，并以滑动窗口的方式在整个图像上通过，产生内核与要处理的图像的相应矩阵切片的点积。点积允许程序识别图像中的特征。

考虑以下图像向量。

```
[[10, 10, 10, 0, 0, 0],
 [10, 10, 10, 0, 0, 0],
 [10, 10, 10, 0, 0, 0],
 [0, 0, 0, 10, 10, 10],
 [0, 0, 0, 10, 10, 10],
 [0, 0, 0, 10, 10, 10]]
```

上面的矩阵对应如图 1-2 所示的图像。

在应用滤波器检测水平边缘时，滤波器由以下矩阵定义。

```
[[1, 1, 1],
 [0, 0, 0],
 [-1, -1, -1]]
```

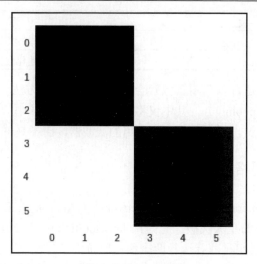

图 1-2

原始图像与滤波器卷积后产生的输出矩阵如下。

```
[[ 0, 0, 0, 0],
 [ 30, 10, -10, -30],
 [ 30, 10, -10, -30],
 [ 0, 0, 0, 0]]
```

在图像的上半部分或下半部分没有检测到边缘。从左边缘移向图像的垂直中间时，会发现一个清晰的水平边缘。再向右移动，可以看到有两个不清晰的水平边缘实例，然后又是一个清晰的水平边缘实例。当然，现在发现的清晰水平边缘与上一个边缘的颜色是相反的。

因此，通过这种简单的卷积，就可以发现图像文件中的模式。CNN 还使用了其他几个概念，如池化（pooling）。

池化的概念如图 1-3 所示。

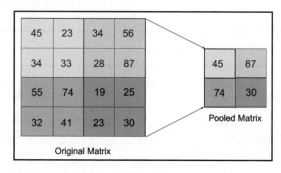

图 1-3

原　　文	译　　文
Original Matrix	原始矩阵
Pooled Matrix	池化之后的矩阵

　　简单来说，池化就是将多个图像像素合并为一个像素的方法。图 1-3 中使用的池化方法称为最大池化（max pooling），其中仅将所选滑动窗口内核中的最大值保留在结果矩阵中。这极大地简化了图像，并有助于训练通用的滤波器，而不是单个图像独有的滤波器。

1.3.2　生成对抗网络

　　生成对抗网络（generative adversarial network，GAN）是人工智能领域中一个相当新的概念，并且是近年来的重大突破。它是由 Ian Goodfellow 在 2014 年的研究论文中提出的。GAN 背后的核心思想是并行运行两个相互对抗的神经网络。第一个神经网络执行生成样本的任务，称为生成器（generator）。另一个神经网络则试图根据先前提供的数据对样本进行分类，称为鉴别器（discriminator）。

　　图 1-4 是生成对抗网络（GAN）的示意图。

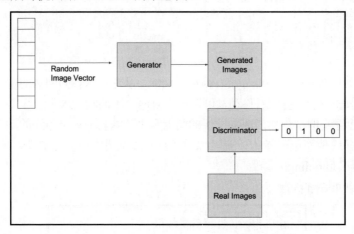

图 1-4

原　　文	译　　文
Random Image Vector	随机图像向量
Generator	生成器
Generated Images	生成的图像
Discriminator	鉴别器
Real Images	真实图像

在这里，随机图像向量经过一个生成过程以产生假图像，然后由已经用真实图像训练的鉴别器进行分类。具有较高分类置信度的假图像进一步被生成，而置信度较低的假图像则被丢弃。随着时间的推移，鉴别器将学会正确识别假图像，而生成器则在多次迭代之后能够伪造越来越以假乱真的图像。

在学习结束时，我们拥有的是一个可以产生接近真实数据的系统，也是一个可以对样本进行非常高精度分类的系统。

后续章节将介绍更多有关 GAN 的信息。

ⓘ 注意：

要深入研究 GAN，可以阅读 Ian Goodfellow 的论文。其网址如下。

https://arxiv.org/abs/1406.2661

1.3.3　循环神经网络

世界上的数据并非都是独立于时间而存在的。例如，股票市场的价格就是与时间序列密切相关的数据。

因此，当数据序列具有时间维度时，如果要拟合数据，则随着时间的推移，这些数据不应该是保持不变的数据块，这样才会更直观，并且会产生更好的预测准确率。在许多用例中，这样的思路已被证明是正确的，并导致了神经网络架构的出现，这些架构可以在学习和预测时将时间作为一个因素。

循环神经网络（recurrent neural network，RNN）就是这样的架构。这种网络的主要特点是：它不仅以顺序方式将数据从一层传递到另一层，而且还将从任何上一层获取数据。在第 1.2 节"机器学习和深度学习"中介绍了一个带有两个隐藏层的简单人工神经网络（artificial neural network，ANN）的示意图（见图 1-1）。在图 1-1 中可以看到，数据仅由上一层馈入下一层。但是，包含两个隐藏层的 RNN 则不像简单 ANN 那样强制要求仅由第一个隐藏层提供对第二个隐藏层的输入，在这里可以从任何上一层获取数据，如图 1-5 中的虚线箭头所示。

与简单的人工神经网络（ANN）相比，循环神经网络（RNN）使用了一种称为通过时间反向传播（backpropagation through time，BPTT）的方法，而不是 ANN 中的经典反向传播。BPTT 可确保时间维度得到很好的表示，因为在通过时间反向传播算法中，已经在与输入相关的函数中定义了时间。

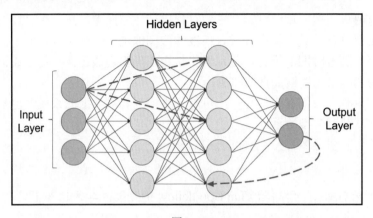

图 1-5

原　　文	译　　文
Hidden Layers	隐藏层
Input Layer	输入层
Output Layer	输出层

1.3.4　长短期记忆网络

在循环神经网络（RNN）中观察到梯度消失和爆炸是很常见的。这些是实现深度 RNN 的严重瓶颈，其中，数据以特征之间关系的形式呈现，这比线性函数更复杂。

为了克服梯度消失问题，德国研究人员 Sepp Hochreiter 和 Juergen Schmidhuber 在 1997 年引入了长短期记忆（long short-term memory，LSTM）的概念。

LSTM 已被证明在自然语言处理（NLP）、图像字幕生成、语音识别和其他领域非常有用，它在引入后打破了记录。LSTM 将信息存储在网络之外，可以随时调用，很像计算机系统中的二级存储设备。这允许将延迟奖励引入网络。

在后续章节中，我们将深入研究 LSTM 和 CNN。

1.4　强化学习和 NLP

本节将介绍强化学习和 NLP 的基本概念，这些都是人工智能领域中非常重要的话题。它们通常是使用深度网络来实现的。因此，了解它们的原理至关重要。

1.4.1　强化学习

强化学习（reinforcement learning）是机器学习的一个分支，它使用代理（agent）在给定环境中执行一组可能的操作，以最大化奖励。

在人工智能领域，代理通常是指驻留在某一环境下，能持续自主地发挥作用，具备驻留性、反应性、社会性和主动性等特征的计算实体。代理既可以是软件实体，也可以是硬件实体，所以可以这样理解：代理是人在 AI 环境中的代理，是完成各种任务的载体。

机器学习的另外两个分支——有监督机器学习和无监督机器学习——通常以表格的形式对数据集进行学习，而强化学习代理则主要使用在任何给定情况下生成的决策树进行学习，这样决策树最终将导致具有最大奖励的叶子。

例如，考虑一个希望学习走路的人形机器人（代理）。它可能先尝试的是两条腿同时向前，在这种情况下它会摔倒，这样它获得的奖励为 0（可以表示为人形机器人走过的距离）。然后它会尝试，在迈出一条腿之后停留一会儿，然后再迈出另一条腿，由于这种一定程度的延迟，机器人能够走×1 步，然后在再次同时迈出双腿时又一次摔倒。

强化学习体现了探索（exploration）的概念，这意味着寻找更好的解决方案，并加以利用（exploitation），即使用先前获得的知识。仍以机器人学习走路为例，由于×1 的奖励大于 0，因此，算法会放弃同时迈出双腿的做法，而学习到在步幅之间放置大致相同的特定延迟量。随着时间的推移，在开发和探索的共同作用下，强化学习算法将变得非常强大，在这种情况下，类人机器人不仅可以学习如何走路，还可以学会跑步。

1.4.2　自然语言处理

自然语言处理（natural language processing，NLP）是人工智能的一个广阔领域，它通过使用计算机算法处理和理解人类语言。

NLP 包含多种方法和技术，每种方法和技术都针对人类语言理解的不同部分，例如基于两个文本提取特征的相似性理解含义、生成人类语言响应、理解用人类语言提出的问题或指令，以及将文字从一种语言翻译为另一种语言等。

NLP 在当前的技术世界中得到了广泛应用，多家顶级科技公司都在该领域不断相互追赶。目前已经有多种基于语音的用户助手，例如 Apple Siri、Microsoft Cortana（小娜）、百度的小度、小米的小爱同学和 Google Assistant，它们都依赖于准确的 NLP 技术才能正确执行其功能。

NLP 还可用于自动客户支持平台，该平台可以回答常见查询，而无须人工客服来回答。这些基于 NLP 的客户支持系统还可以从真正的人工客服在与客户互动时做出的反应中学习。例如，在新加坡开发银行（Development Bank of Singapore，DBS）创建的 DBS DigiBank 应用程序中就可以找到这样的系统。

该领域仍在进行广泛的研究，预计未来它将在人工智能中占据领导地位。

在下一节中，我们将讨论深度学习与移动应用程序集成的方法。

1.5　在 Android 和 iOS 上集成人工智能的方法

随着人工智能的日益普及，用户希望 AI 也能够集成到移动应用程序中，使人们在移动设备（如手机）上能够享受到 AI 带来的便利和强大功能。但是，由于移动设备的计算资源限制（例如，手机上的 GPU、内存和存储资源目前仍无法和计算机上的硬件相比），要让移动应用程序直接在移动设备上运行 AI 功能，唯一的方法是部署经过优化的机器学习模型，这样才能提供令人愉悦的用户体验。

1.5.1　Firebase ML Kit

Firebase ML Kit 是在 Firebase 平台上为移动开发人员提供的一款机器学习（ML）软件开发工具包（software development kit，SDK）。

Firebase 是 Google 的移动平台，它可以用于 JavaScript、Android 和 iOS，这意味着用户只需要部署一次，就可以在全部主流移动平台上使用。因此，Firebase ML Kit 可以促进移动机器学习模型的托管和服务。

Firebase ML Kit 将在移动设备上运行机器学习模型的繁重任务减少到只需要执行 API 调用，这些调用已经涵盖常见的移动用例，如人脸检测、文本识别、条形码扫描、图像标记和地标特征识别等。它可以采用输入作为参数，然后输出一堆分析信息。

ML Kit 提供的 API 可以在设备或云端运行，也可以同时在这两者上运行。设备上的 API 独立于网络连接，因此与基于云的 API 相比，运行速度更快。基于云的 API 托管在 Google 云平台（google cloud platform，GCP）上，并可使用机器学习技术提供更高水平的准确率。

如果可用的 API 未涵盖所需的用例，还可以使用 Firebase 控制台构建、托管和提供自定义 TensorFlow Lite 模型。ML Kit 可充当自定义模型之间的 API 层，使其易于运行。

图 1-6 显示了 Firebase ML Kit 的用户界面。

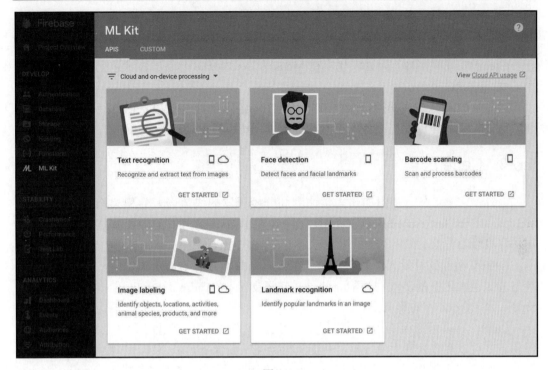

图 1-6

在图 1-6 中，可以看到 Firebase ML Kit 提供的 API，包括 Text recognition（文本识别）、Face detection（人脸检测）、Barcode scanning（条形码扫描）、Image labeling（图像标记）和 Landmark recognition（地标特征识别）等。

1.5.2　Core ML

Core ML 是 Apple 公司在 iOS 11 中发布的机器学习框架，用于使运行在 iOS 上的应用程序（如 Siri、Camera 和 QuickType 等）更加智能。

Core ML 提供高效的性能，有助于在 iOS 设备上轻松集成机器学习模型，使应用程序能够根据可用数据进行分析和预测。

Core ML 支持标准机器学习模型，如树集成（tree ensemble）、支持向量机（support vector machine，SVM）和广义线性模型。它包含 30 多种神经元层的广泛深度学习模型。

使用 Vision 框架，可以轻松地将面部跟踪、面部检测、文本检测和对象跟踪等功能与应用程序集成在一起。

Natural Language 框架有助于分析自然文本并推断其特定于语言的元数据。与 Create

ML 一起使用时，该框架可用于部署自定义 NLP 模型。

对 GamePlayKit 的支持有助于评估学习的决策树。

Core ML 非常高效，因为它建立在 Metal 和 Accelerate 等底层技术之上。这允许它利用 CPU 和 GPU。

此外，Core ML 不需要网络连接即可运行。它具有很高的设备内置（on-device）优化。这确保所有计算都在设备本身内离线完成，从而最大限度地减少内存占用和功耗。

1.5.3　Caffe 2

Caffe 2 建立在最初由加州大学伯克利分校开发的快速嵌入卷积架构（convolution architecture for fast embedding，Caffe）之上，是 Facebook 开发的轻量级、模块化和可扩展的深度学习框架。

Caffe 2 可帮助开发人员和研究人员在 Android、iOS 和 Raspberry Pi 上部署机器学习模型并提供人工智能驱动的性能。此外，它还支持与 Android Studio、Microsoft Visual Studio 和 Xcode 等的集成。

Caffe 2 带有可互换工作成果的原生 Python 和 C++ API，有助于轻松进行原型设计和优化。它可以有效处理大量数据，并促进自动化、图像处理以及统计和数学运算。

Caffe 2 是开源的并托管在 GitHub 上，可利用社区贡献来开发新模型和算法。

1.5.4　TensorFlow

TensorFlow 是由 Google Brain 开发的开源软件库，可进行高性能数值计算。其灵活的架构允许跨 CPU、GPU 和张量处理单元（tensor processing unit，TPU）轻松部署深度学习模型和神经网络。

Gmail 使用 TensorFlow 模型来理解消息的上下文，并通过其广为人知的 Smart Reply（智能回复）功能预测回复。

TensorFlow Lite 是 TensorFlow 的轻量级版本，可帮助在 Android 和 iOS 设备上部署机器学习模型。它利用了 Android Neural Network API 的强大功能来支持硬件加速。

TensorFlow 生态系统可通过 TensorFlow Lite 用于移动设备，如图 1-7 所示。

从图 1-6 中可以看到，我们需要将训练之后的 TensorFlow 模型转换为 TensorFlow Lite 模型，然后才能在移动设备上使用它。这很重要，因为 TensorFlow 模型比 TensorFlow Lite 模型更大，延迟也更长，TensorFlow Lite 模型经过优化后才能在移动设备上运行。这种转换是通过 TensorFlow Lite 转换器进行的，转换器可通过以下方式使用。

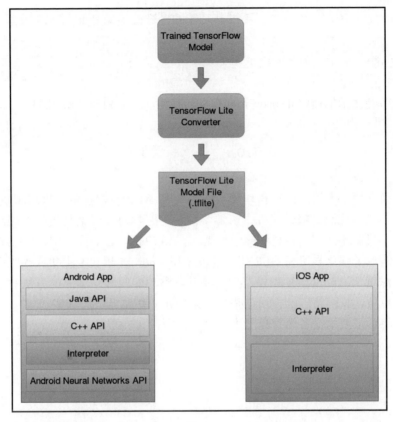

图 1-7

原　　文	译　　文
Trained TensorFlow Model	训练之后的 TensorFlow 模型
TensorFlow Lite Converter	TensorFlow Lite 转换器
TensorFlow Lite Model File (.tflite)	TensorFlow Lite 模型文件（.tflite）
Interpreter	解释器

❑ 使用 Python API：可以使用 Python 和以下任何代码行将 TensorFlow 模型转换为 TensorFlow Lite 模型。

　　➢ TFLiteConverter.from_saved_model()：转换 SavedModel 目录。

　　➢ TFLiteConverter.from_keras_model()：转换 tf.keras 模型。

　　➢ TFLiteConverter.from_concrete_functions()：转换具体函数。

❑ 使用命令行工具：TensorFlow Lite 转换器也可用作命令行界面（command-line

interface，CLI）工具，只不过其功能的多样性不如 Python API 版本。

```
tflite_convert \
   --saved_model_dir=/tf_model \
   --output_file=/tflite_model.tflite
```

后续章节会演示如何将 TensorFlow 模型转换为 TensorFlow Lite 模型。

1.6　小　　结

本章简要介绍了人工智能在移动设备中的发展。AI 为机器提供了推理和决策的能力，而且无须编写过多代码。我们研究了机器学习和深度学习，包括与人工智能领域相关的技术和算法。我们还介绍了各种深度学习架构，如 CNN、GAN、RNN 和 LSTM。

本章还解释了强化学习和 NLP 技术，以及在 Android 和 iOS 上集成人工智能的不同方法。有关深度学习的基本知识以及如何将其与移动应用程序集成的方法对于接下来的章节内容很重要，我们将广泛使用这些知识来创建一些实际应用程序。

第 2 章将学习使用设备内置模型进行人脸检测。

第 2 章　移动视觉——使用设备内置模型执行人脸检测

本章将构建一个 Flutter 应用程序,该应用程序能够使用 ML Kit 的 Firebase Vision Face Detection API 从设备图库上传(或直接通过相机拍照)的图片中检测人脸。该 API 可利用托管在 Firebase 上的预训练模型的强大功能,并为应用程序提供识别人脸关键特征、检测表情和获取检测到的人脸轮廓的能力。由于人脸检测是由 API 实时执行的,因此它还可以用于跟踪视频序列、视频聊天或游戏中的人脸。该应用程序使用 Dart 编码,可在 Android 和 iOS 设备上高效运行。

本章涵盖以下主题。

❑　图像处理简介。

❑　使用 Flutter 开发人脸检测应用。

首先让我们来简单了解一下图像识别的工作原理。

2.1　技　术　要　求

你需要 Visual Studio Code(带有 Flutter 和 Dart 插件),并且需要设置 Firebase 控制台。本章的 GitHub 存储库网址如下。

https://github.com/PacktPublishing/Mobile-Deep-Learning-Projects/tree/master/Chapter2

2.2　图像处理简介

本章将开发图像中的人脸检测应用程序,所以这里讲的图像处理不是使用 Adobe Photoshop 之类的软件所做的事情。在人工智能的背景下,为了提取有关该图像的视觉内容信息而处理图像的操作称为图像处理(image processing)。

图像处理是一个新兴领域,这要归功于更好的人工智能相机、基于医学图像的机器学习、自动驾驶汽车、从图像中分析人们的情绪以及许多其他应用的数量激增。

考虑一下自动驾驶汽车对图像处理的需求。车辆需要尽可能接近实时地做出决策,以确保最佳的无事故驾驶。正在运行中的汽车的 AI 模型的响应延迟可能会导致灾难性后果。目前已经开发了多种技术和算法来进行快速准确的图像处理。

图像处理领域最著名的算法之一是卷积神经网络（CNN）。本书在第 1 章"移动设备深度学习简介"中已经简要介绍了 CNN。本章不会开发一个完整的 CNN，但是，稍后我们将使用设备内置的预训练模型构建一个人脸检测应用程序。

2.2.1　理解图像

在深入研究图像处理技术之前，我们以图 2-1 为例，从计算机软件的角度对图像进行剖析。

图 2-1

图 2-1 是一副 10×10 像素的图像（已放大）；前两行像素是紫色的，接下来的 6 行像素是红色的，最后两行像素是黄色的。

但是，计算机看不到该图像中的颜色。计算机以像素密度矩阵的格式查看此图像。在这里我们处理的是 RGB 图像。RGB 图像由 3 个颜色层组成，即红色（R）、绿色（G）和蓝色（B）。这些层中的每一个都由图像中的矩阵表示。每个矩阵的元素对应该矩阵在图像的每个像素中表示的颜色强度。

让我们在一个程序中检查图 2-1 中的图像。紫色的两行像素之一由以下数组表示。

```
[[255, 0, 255],
 [255, 0, 255],
 [255, 0, 255],
 [255, 0, 255],
 [255, 0, 255],
 [255, 0, 255],
 [255, 0, 255],
 [255, 0, 255],
 [255, 0, 255],
 [255, 0, 255]]
```

在上面的矩阵中，第一列的 255 代表红色，第二列代表绿色，第三列代表蓝色。图像左上角的第一个像素是红色、绿色和蓝色的组合。红色和蓝色都处于其最大强度，而绿色则完全缺失。因此，正如预期的那样，产生的组合颜色是紫色，它基本上是按等比例混合的红色和蓝色。如果从图像的红色区域观察任何像素，则可得到以下数组。

```
[ 255, 0, 0 ]
```

同理，从黄色区域来看，由于黄色是红色和绿色的等比例组合，因此像素表示如下。

```
[ 255, 255, 0 ]
```

现在，如果我们关闭图像的红色和绿色分量，只保持蓝色通道打开，则会得到如图 2-2 所示的图像。

图 2-2

ℹ️**注意：**

彩色图像在黑白印刷的纸版图书上不容易辨识效果（图 2-2 前 2 行是蓝色的，后 8 行是黑色的），本书还提供了一个 PDF 文件，其中包含本书使用的屏幕截图/图表的彩色图像。可以通过以下地址下载。

http://static.packt-cdn.com/downloads/9781789611212_ColorImages.pdf

这完全符合我们之前的观察结果，只有前两行像素包含蓝色分量，而图像的其余部分没有蓝色分量，因此用黑色表示，表示没有强度，或蓝色强度为 0。

2.2.2　操作图像

本节将讨论如何对图像执行一些常见操作以进行图像处理。一般来说，对图像进行一些简单的操作即可带来更快更好的预测。

2.2.3　旋转

假设我们希望将上述示例中的图像旋转 90°。如果在旋转后再检查从顶部开始的第一行像素，则应该会看到该行的前两个像素为紫色，中间的 6 个像素为红色，最后两个像素为黄色。在矩阵旋转的类比中，这可以被视为转置（transpose）操作，其中的行转换为列，反之亦然。然后该图像看起来应如图 2-3 所示。

图 2-3

现在，第一行像素由以下矩阵表示。

```
[[255,   0, 255],
 [255,   0, 255],
 [255,   0,   0],
 [255,   0,   0],
 [255,   0,   0],
 [255,   0,   0],
 [255,   0,   0],
 [255,   0,   0],
 [255, 255,   0],
 [255, 255,   0]]
```

在该矩阵中，前两个元素代表紫色，然后是 6 个红色，最后两个是黄色。

2.2.4　灰度转换

在对图像执行机器学习前，从图像中完全删除颜色信息通常很有用。原因是，有时颜色对预测的结果没有影响。例如，在检测图像中的数字的系统中，数字的形状很重要，而数字的颜色则对解决方案没有影响。

简单来说，灰度图像是对图像区域中可见光量的度量。通常而言，最明显的浅色元素会被完全去除，以显示与相对不可见区域的对比度。

RGB 转灰度的公式如下。

$$Y = R * 0.299 + G * 0.587 + B * 0.114$$

其中，Y 是转换为灰度的像素将保持的最终值。R、G 和 B 分别是该特定像素的红色值、绿色值和蓝色值。产生的输出如图 2-4 所示。

图 2-4

接下来，我们将介绍如何开发一个人脸检测应用程序。

2.3　使用 Flutter 开发人脸检测应用程序

本书在第 1 章"移动设备深度学习简介"中已经阐释了卷积神经网络（CNN）的工作原理，在第 2.2 节"图像处理简介"中又介绍了图像处理的底层方式，有了这些基础知识之后，我们就可以学习使用 Firebase ML Kit 中的预训练模型来检测给定图像中的人脸。

本示例将使用 Firebase ML Kit 人脸检测 API 来检测图像中的人脸。Firebase Vision Face Detection API 的主要功能如下。

❑　识别并返回检测到的每个人脸的眼睛、耳朵、脸颊、鼻子和嘴巴等面部特征的坐标。

❑　获取检测到的人脸轮廓和面部特征。

❑　检测面部表情，例如一个人是在微笑还是闭着一只眼睛。

❑　获取视频帧中检测到的每个人脸的标识符。此标识符在跨帧调用之间保持一致，可用于对视频流中的特定人脸执行图像处理。

让我们从第一步添加所需的依赖项开始。

2.3.1　添加 pub 依赖项

我们需要从添加 pub 依赖项开始。依赖项（dependency）是特定功能工作所需的外部包。应用程序所需的所有依赖项都在 pubspec.yaml 文件中指定。对于每个依赖项，都应该提及包的名称。通常在其后跟随一个版本号，指定要使用的软件包的版本。此外还需要提供软件包的来源，它告诉 pub 如何找到该软件包，如果该来源需要任何描述，也可以包含在内。

ℹ️ **注意：**

要获得特定软件包的信息，可访问以下网址。

https://pub.dartlang.org/packages

用于此项目的依赖项如下。

- ❑ firebase_ml_vision：这是一个 Flutter 插件，添加了对 Firebase ML Kit 功能的支持。
- ❑ image_picker：这是一个 Flutter 插件，可以使用相机拍照并从 Android 或 iOS 图像库中选择图像。

以下是在包含依赖项后，pubspec.yaml 文件的 dependencies 部分的内容。

```
dependencies:
    flutter:
        sdk: flutter
    firebase_ml_vision: ^0.9.2+1
    image_picker: ^0.6.1+4
```

为了使用添加到 pubspec.yaml 文件中的依赖项，我们还需要安装它们，可以通过在终端中运行以下命令来完成。

```
flutter pub get
```

也可以单击 Get Packages（获取包），该命令位于 pubspec.yaml 文件顶部操作功能区的右侧。一旦安装了所有依赖项，即可将它们导入项目。

接下来，让我们看看本章示例应用程序的基本功能。

2.3.2　构建应用程序

现在我们来构建应用程序。本章示例应用程序名为 Face Detection，它将包含两个屏幕。第一个屏幕有一个文本标题，并包含两个按钮：一个按钮是 Gallery（图库），允许用户从设备的图片库中选择图像；另一个按钮是 Camera（相机），可使用相机拍摄新图像。

在此之后，用户被引导到第二个屏幕，该屏幕将显示为人脸检测选择的图像，突出显示检测到的人脸。图 2-5 显示了该应用程序的流程。

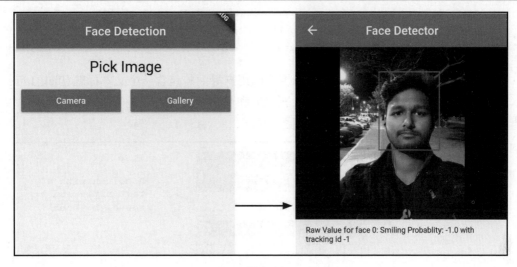

图 2-5

该应用程序的小部件（Widget）树如图 2-6 所示。

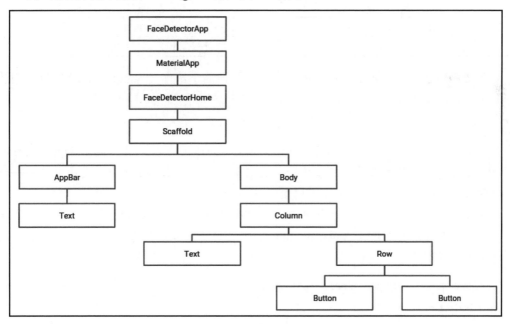

图 2-6

现在让我们详细讨论每个小部件的创建和实现。

2.3.3　创建第一个屏幕

现在我们创建第一个屏幕。第一个屏幕的用户界面将包含一个文本标题 Pick Image（选择图像）和两个按钮——Camera（相机）和 Gallery（图库）。可以将其视为包含文本标题的列和包含两个按钮的行，如图 2-7 所示。

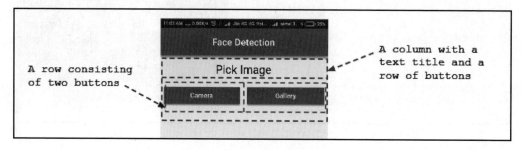

图 2-7

原　　文	译　　文
A row consisting of two buttons	包含两个按钮的行
A column with a text title and a row of buttons	包含一个文本标题和一行按钮的列

下文将构建这些元素中的每一个元素，即所谓的小部件（Widget），然后将它们放在一个 Scaffold 下。

ℹ **注意：**

在英文中，Scaffold（脚手架）是指提供某种支撑的结构或平台。就 Flutter 而言，Scaffold 可以被认为是设备屏幕上的主要结构，所有次要组件——在本示例中就是小部件——都可以放在一起。

在 Flutter 中，每个用户界面组件都是一个小部件。它们是 Flutter 框架中的中心类层次结构。如果你以前使用过 Android Studio，则可以将小部件视为 TextView 或 Button 或任何其他视图组件。

在创建第一个屏幕时，主要的操作如下。

❑　构建行标题。

❑　使用按钮小部件构建行。

❑　创建整个用户界面。

2.3.4　构建行标题

现在来构建行标题。首先在 face_detection_home.dart 文件中创建一个有状态小部件 FaceDetectionHome。FaceDetectionHomeState 将包含构建本示例应用程序的第一个屏幕所需的所有方法。

让我们定义一个名为 buildRowTitle()的方法来创建文本标题。

```
Widget buildRowTitle(BuildContext context, String title) {
    return Center(
        child: Padding(
            padding: EdgeInsets.symmetric(horizontal: 8.0, vertical: 16.0),
            child: Text(
                title,
                style: Theme.of(context).textTheme.headline,
            ), // 文本
        ) // 填充
    ); // 中心
}
```

该方法用于创建带有标题的小部件（使用 title 字符串参数传递的值）。该文本通过使用 Center()水平对齐到中心，并使用 EdgeInsets.symmetric(horizontal: 8.0, vertical: 16.0)提供水平填充（8.0）和垂直填充（16.0）。它包含一个子项，用于创建带有标题的 Text。将文本的排版样式修改为 textTheme.headline 以更改文本的默认大小、粗细和间距。

ⓘ 注意：

Flutter 使用逻辑像素（logical pixel）作为度量单位，表示它和与设备无关像素（device-independent pixel，dp）是一样的。此外，每个逻辑像素中的设备像素数可以用 devicePixelRatio 表示。为简单起见，我们将仅使用数字术语来讨论宽度、高度和其他可测量的属性。

2.3.5　使用按钮小部件构建行

接下来要做的是使用按钮小部件构建行。在放置文本标题之后，现在可创建一行，以包含两个按钮，使用户能够从图库中选择图像或使用相机拍摄新图像。

具体操作步骤如下。

（1）首先定义 createButton()以创建包含所有必需属性的按钮。

```
Widget createButton(String imgSource) {
    return Expanded(
        child: Padding(
            padding: EdgeInsets.symmetric(horizontal: 8.0),
            child: RaisedButton(
                color: Colors.blue,
                textColor: Colors.white,
                splashColor: Colors.blueGrey,
                onPressed: () {
                    onPickImageSelected(imgSource);
                },
                child: new Text(imgSource)
            ),
        )
    );
}
```

该方法在提供 8.0 的水平填充后返回一个小部件，即 RaisedButton。按钮的颜色设置为 blue，按钮文本的颜色设置为 white。将 splashColor 设置为 blueGrey，以指示该按钮被点击时将产生涟漪效果。

onPressed 中的代码片段在按钮被按下时执行。在这里，我们调用 onPickImageSelected()，下文将会定义它。

按钮内显示的文本设置为 imgSource，这里可以是 Gallery 或 Camera。

此外，整个代码段都包装在 Expanded() 中，以确保创建的按钮完全占据所有可用空间。

（2）现在使用 buildSelectImageRowWidget() 方法构建一行，其中包含两个按钮，对应两个图像源。

```
Widget buildSelectImageRowWidget(BuildContext context) {
    return Row(
        children: <Widget>[
            createButton('Camera'),
            createButton('Gallery')
        ],
    );
}
```

在上面的代码片段中，调用了之前定义的 createButton() 方法，将 Camera 和 Gallery 添加为图像源按钮，并将它们添加到该行的 children 小部件列表中。

（3）现在，让我们定义 onPickImageSelected()。该方法使用 image_picker 库将用户

引导到图库或相机以获取图像。

```
void onPickImageSelected(String source) async {
    var imageSource;
    if (source == 'Camera') {
        imageSource = ImageSource.camera;
    } else {
        imageSource = ImageSource.gallery;
    }
    final scaffold = _scaffoldKey.currentState;
    try {
        final file = await ImagePicker.pickImage(source: imageSource);
        if (file == null) {
            throw Exception('File is not available');
        }
        Navigator.push(
            context,
            new MaterialPageRoute(
                builder: (context) => FaceDetectorDetail(file)),
            );
    } catch (e) {
        scaffold.showSnackBar(SnackBar(
        content: Text(e.toString()),
        ));
    }
}
```

首先，使用 if-else 块将 imageSource 设置为相机或图库。如果传入的值为 Camera，则图片文件的来源被设置为 ImageSource.camera；否则，它被设置为 ImageSource.gallery。

一旦确定了图像的来源，pickImage()将用于选择正确的图像来源。如果来源是 Camera，则用户将被引导到相机拍摄图像；否则，将指示他们从图库中选择图片。

为了在 pickImage()未成功返回图像时处理异常，对该方法的调用包含在 try-catch 块中。如果发生异常，则通过调用 showSnackBar()将执行定向到 catch 块和 Snackbar，并在屏幕上显示错误消息，如图 2-8 所示。

在成功选择图像并且 file 变量具有所需的 uri 后，用户将转到下一个屏幕，也就是FaceDetectorDetail（在创建第二个屏幕时将讨论它），并使用 Navigator.push()传递当前上下文，同时将所选文件放入构造函数。在 FaceDetectorDetail 屏幕上，使用选定的图像填充图像占位符（image holder），并显示有关检测到的人脸的详细信息。

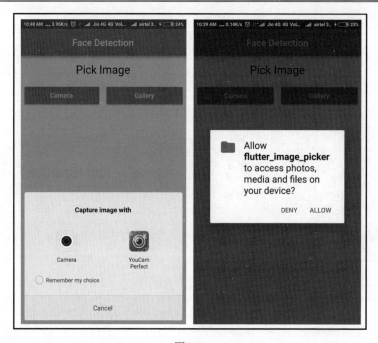

图 2-8

2.3.6　创建整个用户界面

现在来创建整个用户界面，所有已创建的小部件都放在 build()方法中，该方法在 FaceDetectorHomeState 类中重写。

在以下代码片段中，为应用程序的第一个屏幕创建了最终的 Scaffold。

```
@override
Widget build(BuildContext context) {
    return Scaffold(
        key: _scaffoldKey,
        appBar: AppBar(
            centerTitle: true,
            title: Text('Face Detection'),
        ),
        body: SingleChildScrollView(
            child: Column(
                children: <Widget>[
                    buildRowTitle(context, 'Pick Image'),
                    buildSelectImageRowWidget(context)
```

```
                ],
            )
        )
    );
}
```

通过在 appBar 内设置标题，将工具栏的文本设置为 Face Detection。此外，通过将 centerTitle 设置为 true，文本会与中心对齐。

接下来，脚手架的主体是一列小部件。第一个是文本标题，下一个则是一行按钮。

ⓘ 注意：

完整的代码在 FaceDetectorHome.dart 中，其网址如下。

https://github.com/PacktPublishing/Mobile-Deep-Learning-Projects/blob/master/Chapter2/flutter_face_detection/lib/face_detection_home.dart

2.3.7　创建第二个屏幕

接下来，我们将创建第二个屏幕。在成功获取用户选择的图片后，即可转到应用程序的第二个屏幕，在该屏幕中将显示已选择的图片。此外，还需要使用 Firebase ML Kit 标记在图像中检测到的面部。

首先，我们需要在新的 Dart 文件 face_detection.dart 中创建一个名为 FaceDetection 的有状态小部件。

创建第二个屏幕的操作如下。

❑　获取图像文件。

❑　分析图像以检测人脸。

❑　标记检测到的人脸。

❑　在屏幕上显示最终图像。

2.3.8　获取图像文件

首先，需要将选中的图像传递到第二个屏幕进行分析。可以使用 FaceDetection() 构造函数来做到这一点。

ⓘ 注意：

构造函数（constructor）是用于初始化类变量的特殊方法。它们与类具有相同的名称。构造函数没有返回类型，并在创建类的对象时自动调用。

声明一个 file 变量并使用参数化构造函数对其进行初始化，如下所示。

```
File file;
FaceDetection(File file){
    this.file = file;
}
```

接下来，我们将分析图像以检测人脸。

2.3.9　分析图像以检测人脸

现在可以创建一个 FirebaseVision 人脸检测器的实例，通过它可以分析图像并检测人脸。
具体操作步骤如下。

（1）首先在 FaceDetectionState 类中创建一个全局的 faces 变量，如以下代码所示。

```
List<Face> faces;
```

（2）现在定义一个 detectFaces()方法，在其中实例化 FaceDetector。

```
void detectFaces() async{
    final FirebaseVisionImage visionImage =
FirebaseVisionImage.fromFile(widget.file);
    final FaceDetector faceDetector =
FirebaseVision.instance.faceDetector(FaceDetectorOptions( mode:
FaceDetectorMode.accurate, enableLandmarks: true,
enableClassification: true));
    List<Face> detectedFaces = await
faceDetector.processImage(visionImage);
    for (var i = 0; i < faces.length; i++) {
        final double smileProbablity =
detectedFaces[i].smilingProbability;
        print("Smiling: $smileProb");
    }
    faces = detectedFaces;
}
```

首先为使用 FirebaseVisionImage.fromFile()方法选择的图像文件创建一个名为
visionImage 的 FirebaseVisionImage 实例。

接下来，使用 FirebaseVision.instance.faceDetector()方法创建 FaceDetector 实例，并将
其存储在名为 faceDetector 的变量中。

现在使用之前创建的 FaceDetector 实例 faceDetector 调用 processImage()，并将图像

文件作为参数传入。该方法调用将返回一个检测到的人脸列表，该列表存储在名为
detectFaces 的列表变量中。

　　请注意，processImage()返回的是 Face 类型的列表。Face 是一个对象，其属性包含检
测到的人脸的特征。Face 对象具有以下属性。

- ❑　getLandmark。
- ❑　hashCode。
- ❑　hasLeftEyeOpenProbability。
- ❑　hasRightEyeOpenProbability。
- ❑　headEulerEyeAngleY。
- ❑　headEylerEyeAngleZ。
- ❑　leftEyeOpenProbability。
- ❑　rightEyeOpenProbability。
- ❑　smilingProbability。

　　现在使用 for 循环遍历人脸列表。我们可以使用 detectedFaces[i].smilingProbability 获
得第 i 个人脸的 smileProbablity 值。

　　我们将它存储在一个名为 sleepProbablity 的变量中，并使用 print()将其值打印到控制
台。最后，将全局 faces 列表的值设置为 detectedFaces。

ℹ️ **注意：**

　　添加到 detectFaces()方法中的 async 修饰符允许该方法异步执行，这意味着创建一个
与主执行线程不同的单独线程。async 方法在回调机制上工作，以在执行完成后返回由它
计算的值。

　　为了确保在用户转到第二个屏幕时立即检测到人脸，可以重写 initState()并从它内部
调用 detectFaces()。

```
@override
void initState() {
    super.initState();
    detectFaces();
}
```

initState()是小部件创建后调用的第一个方法。

2.3.10　标记检测到的人脸

　　接下来，我们需要标记检测到的人脸。在检测到图像中存在的所有人脸之后，可通

过以下步骤在其周围绘制矩形框。

（1）首先需要将图像文件转换为原始字节。为此，可以定义一个 loadImage 方法，如下所示。

```
void loadImage(File file) async {
    final data = await file.readAsBytes();
    await decodeImageFromList(data).then(
        (value) => setState(() {
        image = value;
        }),
    );
}
```

loadImage()方法将图像文件作为输入。然后使用 file.readAsByte()将文件的内容转换为字节并将结果存储在数据中。接下来，调用 decodeImageFromList()，它用于将单个图像帧从字节数组加载到 Image 对象中，并将最终结果值存储在图像中。我们从之前定义的 detectFaces()内部调用此方法。

（2）现在定义一个名为 FacePainter 的 CustomPainter 类来在所有检测到的人脸周围绘制矩形框。具体代码如下所示。

```
class FacePainter extends CustomPainter {
    Image image;
    List<Face> faces;
    List<Rect> rects = [];
    FacePainter(ui.Image img, List<Face> faces) {
        this.image = img;
        this.faces = faces;
        for(var i = 0; i < faces.length; i++) {
                rects.add(faces[i].boundingBox);
        }
    }
}
```

首先定义 3 个全局变量：image、faces 和 rects。

Image 类型的 image 用于获取图像文件的字节格式。

faces 是检测到的 Face 对象 List。

image 和 faces 都在 FacePainter 构造函数中初始化。现在我们遍历人脸，同时使用 faces[i].boundingBox 获取每个人脸的边界矩形并将其存储在 rects 列表中。

（3）重写 paint()以使用矩形绘制 Canvas，具体代码如下所示。

```
@override
void paint(Canvas canvas, Size size) {
    final Paint paint = Paint()
        ..style = PaintingStyle.stroke
        ..strokeWidth = 8.0
        ..color = Colors.red;
    canvas.drawImage(image, Offset.zero, Paint());
    for (var i = 0; i < faces.length; i++) {
        canvas.drawRect(rects[i], paint);
    }
}
```

在上面的代码中，首先创建了 Paint 类的一个实例来描述绘制 Canvas 的样式，这个 Canvas 画布其实就是要处理的图像。由于需要在图像上绘制矩形边框，因此将 style 设置为 PaintingStyle.stroke，以仅绘制形状的边缘。

接下来，将 strokeWidth（即矩形边框的宽度）设置为 8。另外，将边框的 color 设置为 red 以绘制红色边框。

最后，使用 cavas.drawImage() 绘制图像。遍历 rects 列表中检测到的人脸的每个矩形，并使用 canvas.drawRect() 绘制矩形。

2.3.11　在屏幕上显示最终图像

成功检测到人脸并在其周围绘制矩形后，便可以在屏幕上显示最终图像。我们首先为第二个屏幕构建最终的 Scaffold。可以重写 FaceDetectionState 中的 build() 方法以返回 Scaffold，具体代码如下所示。

```
@override
Widget build(BuildContext context) {
    return Scaffold(
        appBar: AppBar(
        title: Text("Face Detection"),
        ),
        body: (image == null)
        ? Center(child: CircularProgressIndicator(),)
        : Center(
            child: FittedBox(
                child: SizedBox(
                    width: image.width.toDouble(),
                    height: image.width.toDouble(),
                    child: CustomPaint(painter: FacePainter(image, faces))
```

```
            ),
          ),
        )
      );
}
```

在上面的代码中，首先为屏幕创建 appBar，并提供了一个标题：Face Detection。

接下来，指定 Scaffold 的 body。我们首先检查 image 的值（image 存储了所选图像的字节数组）。直到它为空时，我们才能确定检测人脸的过程正在进行。因此，我们使用 CircularProgressIndicator()。

一旦检测人脸的过程结束，用户界面就会更新以显示 SizedBox（该 SizedBox 与所选图像具有相同宽度和高度）。SizedBox 的 child 属性设置为 CustomPaint，它使用之前创建的 FacePainter 类在检测到的人脸周围绘制矩形边框。

🛈 注意：

完整代码在 face_detection.dart 中，其网址如下。

https://github.com/PacktPublishing/Mobile-Deep-Learning-Projects/blob/master/Chapter2/flutter_face_detection/lib/face_detection.dart

2.3.12　创建最终的应用程序

最后，我们还需要创建最终的 Material Design 风格的应用程序（Material Design 是 Google 2014 年发布的面向 Android 移动设备和桌面平台的设计语言规范）。我们将创建 main.dart 文件，它可以提供整个代码的执行点。我们还需要创建一个名为 FaceDetectorApp 的无状态小部件，它用于返回指定标题、主题和主屏幕的 MaterialApp。

```
class FaceDetectorApp extends StatelessWidget {
    @override
    Widget build(BuildContext context) {
        return new MaterialApp(
            debugShowCheckedModeBanner: false,
            title: 'Flutter Demo',
            theme: new ThemeData(
                primarySwatch: Colors.blue,
            ),
            home: new FaceDetectorHome(),
        );
    }
}
```

现在可以通过传入 FaceDetectorApp()的实例来定义 main()方法，以执行整个应用程序，代码如下所示。

```
void main() => runApp(new FaceDetectorApp());
```

ℹ️ **注意**：

完整代码在 main.dart 中，其网址如下。

https://github.com/PacktPublishing/Mobile-Deep-Learning-Projects/blob/master/Chapter2/flutter_face_detection/lib/main.dart

2.4　小　　结

本章研究了图像处理背后的概念，以及如何使用 Flutter 开发基于 Android 或 iOS 的应用程序以执行人脸检测。

本章的开发示例从添加相关的依赖项开始，以获得 Firebase ML Kit 和 image_picker 库的支持功能。然后添加了用户界面组件并提供了必要功能。本示例实现功能主要包括使用 Flutter 插件选择图像文件，以及在选择图像后如何处理图像。

本章还介绍了设备内置的 Face Detector 模型的使用，并深入讨论了程序执行的方法。

第 3 章将讨论如何使用 Actions on Google 开发平台构建基于 Google Assistant 的 AI 智能聊天机器人。

第 3 章　使用 Actions on Google 平台开发智能聊天机器人

Actions on Google 是 Google 在 2016 年对标亚马逊 Alexa 平台 Skills 推出的功能。通过该平台，开发者可以构建直接在 Google Assistant 框架中运行的应用程序。在本章示例项目中，我们将介绍使用 Dialogflow API 实现对话式聊天机器人，以及如何借助 Actions on Google 平台使它们在 Google Assistant 上执行不同的 Action。该项目可以使读者很好地理解如何构建使用语音和基于文本的对话接口产品。

我们将实现一个聊天机器人（chatbot），它会询问用户的姓名，然后为用户生成一个幸运数字。我们还将研究如何使用 Actions on Google 开发平台在 Google Assistant 框架上提供聊天机器人。

本章涵盖以下主题。

- ❑　了解可用于创建聊天机器人的工具。
- ❑　创建 Dialogflow 账户。
- ❑　创建 Dialogflow 代理。
- ❑　了解 Dialogflow 控制台。
- ❑　创建你的第一个 Google Action。
- ❑　创建 Actions on Google 项目。
- ❑　实现 Webhook。
- ❑　将 Webhook 部署到 Cloud Functions。
- ❑　创建 Actions on Google 版本。
- ❑　为对话式应用程序创建用户界面。
- ❑　集成 Dialogflow 代理。
- ❑　添加与 Assistant 的音频交互。

3.1　技术要求

对于移动应用程序，你需要 Visual Studio Code（带有 Flutter 和 Dart 插件），并且需要设置和运行 Firebase 控制台。

本章代码文件可以在本书配套的 GitHub 存储库中找到，其网址如下。

https://github.com/PacktPublishing/Mobile-Deep-Learning-Projects/tree/master/Chapter3

3.2　了解可用于创建聊天机器人的工具

如果你希望为使用聊天机器人的用户构建对话体验，那么将有大量的开发工具可选。目前有若干个具有不同功能集的平台，每个平台在提供服务方面都是独一无二的。

智能聊天机器人（chatbot）是一种在过去 10 年中不断成长的聊天机器人，它已经成功地为聊天机器人更容易被专业网站和行业所接受铺平了道路。那么这些机器人能提供什么样的智能？它们能达到什么业务目标呢？

让我们尝试用一个场景来回答这两个问题。

假设你拥有一家百货商店，并且在其中雇用了几名员工，以便他们可以将客户引导到正确的区域。有一天，你意识到这些员工实际上增加了商店的拥挤程度。为了替换他们，你开发出了一个能够日常回答问题的应用程序，例如，当客户询问"麦片在哪里"时，该程序会回答："粮油区在商店的西北部，就在水果区旁边。"

因此，聊天机器人表现出理解用户需求的能力，在本示例中就是寻找麦片。然后，聊天机器人能够确定麦片属于粮油类。根据其对商店库存的了解，它能够将客户引导至正确的区域。为了能够进行关联，甚至将单词从一种语言翻译成另一种语言，深度学习在聊天机器人的内部运作中起着至关重要的作用。

接下来，我们将探索各种支持人工智能的工具，这些工具可用于创建聊天机器人并将其部署到手机上。

3.2.1　Wit.ai

Wit.ai 平台由 Facebook 打造，提供了一套围绕自然语言处理（natural language processing，NLP）和语音转文本（speech-to-text）服务的 API。

Wit.ai 平台是完全开源的，并在 NLP 领域提供了一些最先进的服务。它可以轻松与移动应用程序和可穿戴设备集成，甚至可用于家庭自动化。该平台提供的语音转文本服务使其非常适合创建使用语音界面的应用程序。

有了 Wit.ai 平台之后，开发人员可以轻松设计完整的对话，甚至可以为他们的聊天机器人添加个性。Wit.ai 支持 130 多种语言的对话和语音转文本服务，这使其成为专注于全球语言可访问性应用程序的绝佳选择。

要了解有关该平台的更多信息，可访问以下网址。

https://wit.ai/

3.2.2　Dialogflow

Dialogflow 从 Api.ai 重命名而来，提供基于深度神经网络的自然语言处理（NLP）技术，可用于创建与多个平台无缝集成的对话接口，如 Facebook Messenger、Slack、WhatsApp、Telegram 等。

Dialogflow 项目在 Google 云平台（GCP）上运行，并且能够从与构建对话相关的所有 GCP 产品中获益，例如获取用户的位置、在 Firebase 或 App Engine 上部署 Webhook，并在 Android 和 iOS 上初始化 Actions on Google。有关该平台的更多信息，可访问以下网址。

https://dialogflow.com/

接下来，我们将深入研究 Dialogflow 及其功能，以了解如何为移动设备开发类似 Google Assistant 的应用程序。

3.2.3　Dialogflow 工作原理

前面已经简要介绍了一些可以根据需要使用文本和语音开发聊天机器人和对话接口的工具。本节将深入讨论 Dialogflow，下文还将使用它来快速开发工业级聊天解决方案。

在开始开发 Dialogflow 聊天机器人之前，需要理解 Dialogflow 的工作原理，并阐释一些与 Dialogflow 相关的术语。

使用 Dialogflow 的应用程序中的信息流如图 3-1 所示。

图 3-1 中的术语解释如下。

❑　用户（user）：用户是使用聊天机器人/应用程序的人，负责提出用户请求（User Request）。用户请求是用户说出的必须由聊天机器人解释的口头单词或句子。需要针对它生成适当的响应。

❑　集成（integration）：这里的集成是一个软件组件，负责将用户请求传递给聊天机器人逻辑并将代理响应（Agent Response）传递给用户。这种集成可以是你创建的应用程序或网站，也可以是 Slack、Facebook Messenger 等现有服务，或者只是调用 Dialogflow 聊天机器人的脚本。

❑　代理（agent）：我们使用 Dialogflow 工具开发的聊天机器人即称为代理。聊天机器人生成的响应称为代理响应。

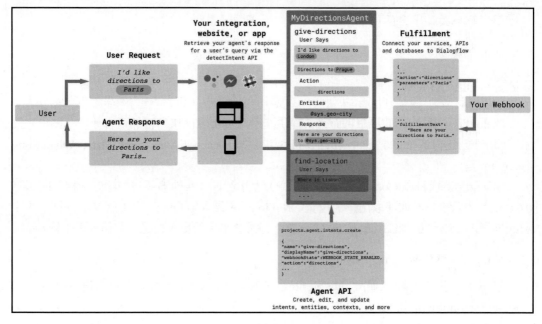

图 3-1

原　　文	译　　文
User	用户
User Request	用户请求
I'd like directions to Paris	我想知道去巴黎的路线
Agent Response	代理响应
Here are your directions to Paris…	这是你前往巴黎的路线……
Your integration, website, or app	你的集成、网站或应用程序
Retrieve your agent's response for a user's query via the detectIntent API	通过 detectIntent API 检索你的代理对用户查询的响应
Fulfillment	执行
Connect your service, APIs and databases to Dialogflow	将你的服务、API 和数据库连接到 Dialogflow
Your Webhook	你的 Webhook
Agent API	代理 API
Create, edit, and update intents, entities, contexts, and more	创建、编辑和更新 intent、实体和上下文等

❑　意图（intent）：intent 的主要作用是解决 Android 应用的各项组件之间的通信。
　　因此，Intent 在这里起着一个媒体中介的作用，它是用户尝试在其用户请求中执

行的操作的表示。用户说出的自然语言输入必须与意图相匹配，以确定要为任何特定请求生成的响应类型。

❑ 实体（entities）：在用户请求中，用户有时可能会使用处理响应所需的单词或短语。这些是以实体的形式从用户请求中提取的，然后根据需要使用。例如，如果用户问"在哪里可以买到芒果？"，则聊天机器人应该提取"芒果"这个词，以便搜索其可用的数据库或互联网以提出适当的响应。

❑ 上下文（context）：要理解 Dialogflow 中的上下文，可考虑以下场景。
你问你的聊天机器人："中国第一位诺贝尔奖获得者是谁？"机器人生成适当的响应（莫言）。接下来，你再问聊天机器人："他今年多大？"
如果聊天机器人无法维护上下文，那么它就不知道这里的"他"指的是谁。因此，上下文是指在聊天会话（chat session）或一部分会话中维护的对话状态，除非上下文被与聊天机器人的对话中的新事物覆盖。

❑ 执行（Fulfillment）：Fulfillment 是一个软件组件，用于处理聊天机器人内的业务逻辑。它是一个 API，可以通过 Webhook 访问，获取有关传递给它的实体的输入，并生成一个响应，然后聊天机器人使用它来生成最终的代理响应。

在理解了 Dialogflow 的基本术语和工作流程后，接下来我们构建一个基本的 Dialogflow 代理，它可以为用户请求提供响应。

3.3　创建 Dialogflow 账户

要开始使用 Dialogflow，需要在 Dialogflow 网站上创建一个账户。为此，请按照以下步骤操作。

（1）访问以下网址开始账户创建。

https://dialogflow.com

🛈 注意：

你需要一个 Google 账户来创建 Dialogflow 账户。如果还没有 Google 账户，请访问以下网址。

https://accounts.google.com

（2）在 Dialogflow 网站首页，单击 Sign up for free（免费注册）创建账户或单击 Go to console（前往控制台）打开 Dialogflow 控制台，如图 3-2 所示。

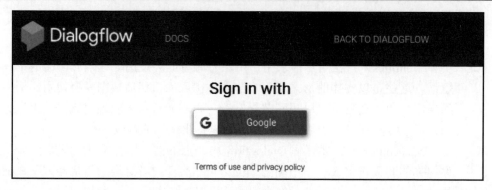

图 3-2

（3）单击 Sign in with Google（使用 Google 登录）后，系统会要求你使用 Google
账户登录。系统要求你提供账户权限以使用 Dialogflow，然后接受条款和条件。

接下来，我们将创建一个 Dialogflow 代理。

3.4 创建 Dialogflow 代理

正如在第 3.2.3 节“Dialogflow 工作原理”中所述，所谓代理（agent）就是我们在
Dialogflow 平台创建的聊天机器人。

成功创建账户后，你将看到 Dialogflow 控制台的登录屏幕，提示用户创建代理。

（1）单击 Create an agent（创建代理）提示，这将进入如图 3-3 所示的界面。

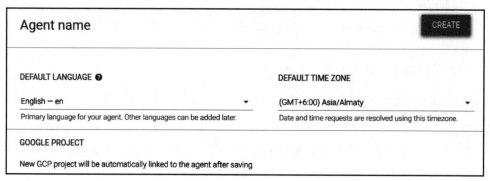

图 3-3

（2）填写代理名称。本示例将其命名为 DemoBot。

（3）将现有的 Google 项目链接到聊天机器人。如果还没有符合条件的 Google 项目，
则当你单击 Create（创建）按钮时将创建一个新项目。

ⓘ 注意：

　　需要在 Google Project 上启用结算功能才能创建 Dialogflow 聊天机器人。要了解如何创建 GoogleProject，可访问以下网址。

　　https://cloud.google.com/billing/docs/how-to/manage-billing-account

3.5　了解 Dialogflow 控制台

　　Dialogflow 控制台是用于管理聊天机器人、Intent、实体以及 Dialogflow 提供的所有其他功能的图形用户界面。

3.5.1　使用 Dialogflow 控制台

　　在创建代理之后，应该能看到如图 3-4 所示的界面。

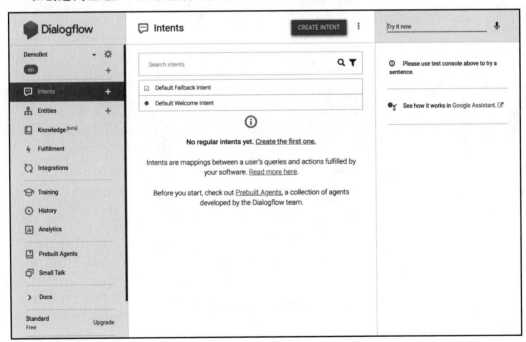

图 3-4

　　Dialogflow 控制台会提示你创建一个新的 Intent。因此，接下来我们将创建一个新的 Intent（它可以识别用户的姓名），并使用它为用户生成一个幸运数字。

3.5.2　创建 Intent 并抓取实体

现在我们将创建一个 Intent，从用户那里获取输入并确定用户的姓名。然后，Intent 将提取用户名称的值并将其存储在实体中，该实体稍后将传递给 Webhook 进行处理。

请按照以下步骤操作。

（1）单击图 3-4 右上角的 CREATE INTENT（创建 Intent）按钮，此时将打开一个 Intent 创建表单。

（2）必须为 Intent 提供一个名称，如 luckyNum。然后向下滚动到 Training phrases（训练短语）部分并添加一个训练短语：name is John。

（3）抓取所需的实体并选择单词 John。此时将出现一个下拉列表，该列表将该单词与任何预定义的实体相匹配。我们将使用@sys.person 实体来获取名称并将其存储为 userName 参数，如图 3-5 所示。

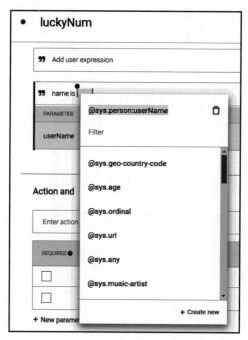

图 3-5

（4）向下滚动到 Action and parameters（Action 和参数）部分并添加 userName 参数，如图 3-6 所示。

（5）现在，每当用户查询类似于 name is XXX 时，就会将某些内容提取到$userName

变量中。现在可以将其传递给 Webhook 或 Firebase Cloud Function，以根据其值生成响应。

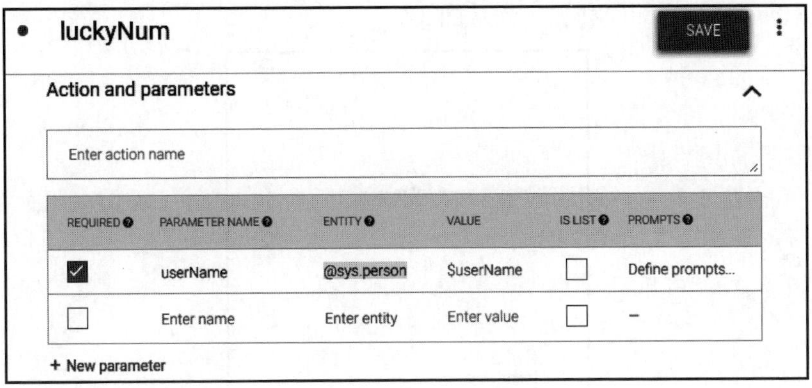

图 3-6

接下来，让我们添加一个 Action，以便可以通过 Google Assistant 访问 Dialogflow 代理。

3.6　创建你的第一个 Google Action

在创建 Google Action 之前，让我们首先尝试了解一下什么是 Action。你可能听说过 Google Assistant，它本质上与 Apple Siri 或 Microsoft Cortana（小娜）相当，是围绕虚拟助手的概念构建的，该软件能够根据用户的指示以文本或语音的形式为用户执行任务。

3.6.1　Actions on Google 平台和 Google Assistant 的关系

Google Assistant 可以执行的每项任务都称为一个 Action。因此，当用户发出类似于"给我看一下购物清单"或"打电话给 Sam"的请求时，执行任务其实就是执行函数——假设这个函数是 showShoppingList()或 makeCall(Sam)——并且在执行时已经附加了适当的参数。

Actions on Google 平台使我们可以创建聊天机器人，充当 Google Assistant 上的 Action。这样，一旦 Action 被调用，就可以和用户进行对话，直到用户结束对话。

调用 Action 是在 Google Assistant 中执行的，它将调用请求与其目录中的 Actions 列表相匹配，并启动相应的 Action。然后，用户接下来进行的几次交互都是与该 Action 进行的。因此，Google Assistant 将充当多个此类 Action 的聚合器，并为它们提供调用方法。

3.6.2　Actions on Google 平台的意义

Actions on Google 平台实际上是一种集成方式，开发者可以通过它将自己的服务与

Google Assistant 集成到一起。那么，Actions on Google 平台为有兴趣构建聊天机器人的开发人员提供了什么样的便利呢？来看图 3-7。

图 3-7

原　　　文	译　　　文
Talk to Uber	给我接 Uber（类似于"滴滴出行"的程序）
Where do you want to go?	你要去哪里？
To work	去公司
I found this	找到了
From Your location To work	从当前位置到公司

　　只需与 Google Assistant 交谈，用户就可以获得 Uber（优步）功能的支持。这是因为 Talk to Uber 这句话可以匹配到由 Uber 开发的聊天机器人（该聊天机器人是通过 Actions on Google 平台提供的），它响应了用户的 Talk to Uber 请求。

　　因此，Uber 能够通过提供无文本界面（如果使用语音输入的话）来推送其可用性和交互性，并受益于已放入 Google Assistant 的先进 NLP 算法，从而增强其业务量。

　　将你创建的聊天机器人有效地发布到 Actions on Google 可以让你为自己的企业提供

对话接口。你可以使用 Webhook 管理业务逻辑。下文将详细介绍 Webhook，目前我们将创建一个 Actions on Google 项目并将其链接到聊天机器人。

3.7　创建 Actions on Google 项目

本节将创建一个 Actions on Google 项目，然后将其与 Google Assistant 应用集成。这将允许我们构建的聊天机器人可以通过 Google Assistant 应用程序访问，而 Google Assistant 目前可在全球数十亿台设备上使用。

3.7.1　创建 Actions on Google 项目示例

创建 Actions on Google 项目的具体操作步骤如下。

（1）在浏览器中打开以下网址，以打开 Google 主页上的 Actions，你可以在其中阅读到有关该平台的所有信息。

https://developers.google.com/actions/

（2）要进入控制台，请单击 Start Building（开始构建）或 Go to Actions Console（转到 Actions 控制台）按钮。

此时你将转到 Actions on Google 控制台，然后被提示创建一个项目。

（3）在创建项目时，你将看到一个对话框，如图 3-8 所示。

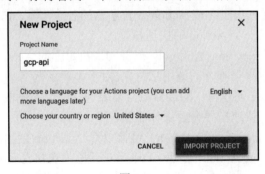

图 3-8

这里你必须选择与创建 Dialogflow 聊天机器人代理相同的 Google 项目（gcp-api）。

（4）单击 IMPORT PROJECT（导入项目），将 Dialogflow 聊天机器人的 Action 添加到 Google Assistant。在下一个屏幕中，选择 Conversational（对话）模板来创建 Action。

（5）然后你将被带到 Actions on Google 控制台，如图 3-9 所示。

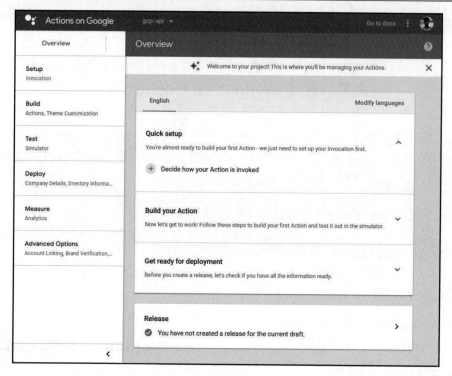

图 3-9

在图 3-9 最上面的标题栏上，可以看到 Action 所在的 Google 项目的项目 ID（gcp-api）。在左侧垂直导航栏中，列出了完成 Action 设置所需的各个步骤。在右侧的主要内容部分，提供了用于设置你的第一个 Action 的快速指导。

（6）单击 Decide how your Action is invoked（决定你的 Action 调用的方式）。你需要为自己的 Action 提供一个唯一的调用字符串。对于本章示例，我们使用的是 Talk to Peter please 调用字符串。你在创建自己的项目时，需要选择一个不同的调用字符串。

成功设置调用后，快速指导会要求你添加一个 Action。

（7）单击 Add Action（添加 Action）链接以开始 Action 创建过程。

（8）在出现的 Create Action（创建 Action）对话框中选择左侧列表中的 Custom intent（自定义 Intent），然后单击 Build（构建）按钮。这将带你返回 Dialogflow 界面。

接下来，你需要启用 Actions on Google 以访问聊天机器人的 Intent。

3.7.2　创建与 Google Assistant 的集成

默认情况下，你在 Dialogflow 控制台中构建的聊天机器人不允许 Actions on Google

项目访问其中可用的 Intent。可通过以下步骤启用对 Intent 的访问。

（1）在 Dialogflow 界面上，单击左侧导航窗格中的 Integration（集成）按钮。

（2）在载入的页面上，你将看到与 Dialogflow 支持的不同服务集成的选项，其中包括所有主要的社交聊天平台，以及亚马逊的 Alexa 和微软的 Cortana（小娜）。

（3）此时你应该会看到 Google Assistant 的 Integration Settings（集成设置）按钮。单击该按钮，将打开一个对话框，如图 3-10 所示。

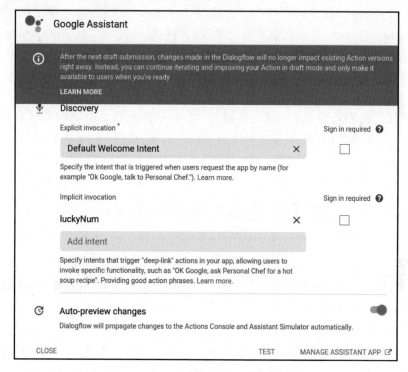

图 3-10

图 3-10 中的对话框允许你快速定义 Dialogflow 代理和 Actions on Google 项目之间的集成设置。

（4）在 Default Invocation（默认调用）下，将 Default Welcome Intent（默认欢迎 Intent）设置为当用户开始通过 Google Assistant 与你的聊天机器人交互时将首先运行的 Intent。

（5）在 Implicit Invocation（隐式调用）中，指定之前创建的 luckyNum Intent。这将用于为用户生成幸运数字。

（6）启用 Auto-preview changes（自动预览更改）是一个好主意，因为它允许你将集成设置自动传播到 Actions on Google 控制台和 Google Assistant Test Simulator（详见第 3.10

节"创建一个 Actions on Google 版本"），以便在创建应用程序版本之前进行测试。

现在，让我们为 Default Welcome Intent（默认欢迎 Intent）提供一个有意义的提示信息，以要求用户输入他们的姓名，以便当用户响应时，他们的输入类似于 luckyNum Intent 的训练短语，从而调用相应的 Intent。

（1）单击 Intents 按钮。然后单击 Default Welcome Intent（默认欢迎 Intent），向下滚动到 Intent 编辑页面的 Responses（响应）部分，并删除其中的所有响应。

由于 luckyNum Intent 期望用户说出类似于 My name is XYZ 的内容，因此恰当的问题便是"What is your name?"。因此，在这里我们将响应设置为"Hi, what is your name?"。

请注意，Responses（响应）部分的标签式导航中有一个名为 Google Assistant 的新导航。这允许我们在从 Google Assistant 调用此 Intent 时为其指定不同的响应。

（2）单击该标签并启用 DEFAULT（默认）选项卡中的用户响应，将其作为第一个响应。这样做是因为我们不想在聊天机器人中指定特殊的 Google Assistant 响应。

（3）向上滚动到 Events（事件）部分并检查它是否和图 3-11 类似。

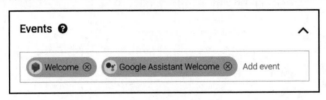

图 3-11

（4）缺少上述两个事件中的任何一个，你都可以单击 Add event（添加事件），然后输入相应的名称（系统会提供自动建议框供你选择）。

（5）单击 Dialogflow 控制台中间部分右上方的 Save（保存）按钮。

现在我们已经做好了准备，可以创建业务逻辑为用户生成幸运数字。首先，我们将为 luckyNum Intent 创建一个 Webhook，然后将其部署到 Cloud Functions。

3.8 实现 Webhook

hook 的英文本意是"挂钩"，Webhook 的作用简而言之就是让你的项目与其他 Web 服务建立关联。

本节将为 luckyNum Intent 启用 Webhook，并为 luckyNum Intent 的逻辑准备 Webhook 代码。请按照以下步骤操作。

（1）打开 luckyNum Intent 的 Intent 编辑页面并向下滚动到 Fulfillment（执行）部分。

在这里，打开 Enable webhook call for this intent（为此 Intent 启用 Webhook 调用）选项。

现在，此 Intent 将查找从 Webhook 生成的响应。

（2）打开你选择的文本编辑器，为 Webhook 创建代码，使其使用 JavaScript 并在 Firebase 提供的 Node.js 平台上运行。

```
'use strict';
```

上述代码确保我们使用 ECMAScript 5 中定义的一组编码标准，这些标准为 JavaScript 语言提供了一些有用的修改，从而使其更安全，更少混淆。

（3）使用 require 函数将 JavaScript 中的模块导入项目。包括 actions-on-google 模块以及 firebase-functions 模块，因为该脚本将部署到 Firebase。

```
// 从 Actions on Google 客户端库导入 Dialogflow 模块
const {dialogflow} = require('actions-on-google');

// 导入 firebase-functions 软件包
const functions = require('firebase-functions');
```

（4）为已经构建的 Dialogflow 代理实例化一个新的客户端对象。

```
// 实例化 Dialogflow 客户端
const app = dialogflow({debug: true});
```

请注意，这里的 Dialogflow 变量是 actions-on-google 的对象的模块。

（5）将该 Webhook 响应的 Intent 设置为 luckyNum 并将其传递给 conv 变量。

```
app.intent('luckyNum', (conv, {userName}) => {

    let name = userName.name;
    conv.close('Your lucky number is: ' + name.length );

});
```

可以看到，app 变量保存了正在处理的对话的状态信息和我们从 luckyNum Intent 中提取的 userName 参数。然后，我们声明变量名称并将其设置为 userName 变量的 name 键。这样做是因为 userName 变量是一个 JavaScript 对象。你可以在右侧部分的测试控制台中通过为 luckyNum Intent 输入匹配的调用（如 My name is Max）来查看它。

（6）设置 Webhook，使其响应所有 HTTPS POST 请求，并通过 Firebase 将其导出为 Dialogflow Fulfillment。

```
// 设置 DialogflowApp 对象以处理 HTTPS POST 请求
exports.dialogflowFirebaseFulfillment = functions.https.onRequest(app);
```

本节开发的脚本需要部署到服务器以使其响应。因此，接下来我们将使用 Cloud Functions 部署此脚本，并将其用作聊天机器人的 Webhook 端点。

3.9　将 Webhook 部署到 Cloud Functions

Cloud Functions 是 Google 发布的一种事件驱动的计算服务。它具有自动扩展、运行代码以响应事件的能力，并且不需要任何服务器管理。用例包括无服务器应用程序后端、实时数据处理和智能应用程序，如虚拟助手、聊天机器人和情绪分析。

前面我们已经完成了 Webhook 逻辑的创建，将它部署到 Cloud Functions 则非常简单。只要按以下步骤操作即可。

（1）单击 Dialogflow 控制台左侧导航中的 Fulfillment（执行）按钮。启用 Inline Editor（内联编辑器），以便能够添加你的 Webhook 并将其直接部署到 Cloud Functions。

请注意，你必须清除内联编辑器中的默认样板代码才能执行此操作。

（2）将第 3.8 节"实现 Webhook"在编辑器中编写的代码粘贴到 index.js 中，然后单击 Deploy（部署）。

🛈 注意：

请记住，用于部署的环境是 Node.js，因此 index.js 是包含所有业务逻辑的文件。package.json 文件则管理项目所需的包。

使用 Cloud Functions 部署 Webhook 时，不但非常简单，而且需要做的设置也很少。另一方面，仅设置 index.js 的限制也会防止你将 Webhook 逻辑拆分为多个文件（在大型聊天机器人应用程序中通常会这样做）。

接下来，我们将为 Action 创建一个版本。

3.10　创建一个 Actions on Google 版本

现在我们已经可以为 Actions on Google 聊天机器人创建版本了。但在此之前，还有必要在 Google Assistant Test Simulator 中测试一下这个聊天机器人。

测试的具体操作如下。

（1）单击 Actions on Google 控制台左侧导航栏的 Simulator 按钮，进入模拟器。在模拟器中，你将看到一个类似于在手机上使用 Google Assistant 的界面。建议的输入将包含你的 Action 的调用方法。

（2）在模拟器中输入你的 Action 的调用字符串。在第 3.7.1 节"创建 Actions on Google 项目示例"中，我们设置的 Action 调用字符串是 Talk to Peter Please。这将产生 Default Welcome Intent（默认欢迎 Intent）的输出，要求你输入姓名。在输入你的姓名作为响应后（例如，我输入的是 My name is Sammy），即可看到幸运号码，如图 3-12 所示。

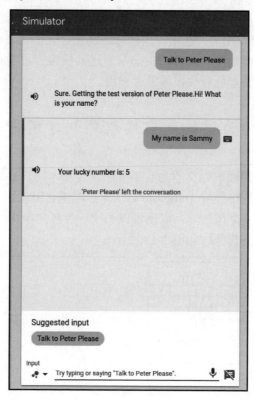

图 3-12

现在我们已经知道该聊天机器人运行良好，并且与 Actions on Google 集成，因此可为它创建一个版本。

（1）单击 Actions on Google 控制台操作中的 Overview（概述），你将看到 Get ready for deployment（准备部署）提示。

（2）Actions Test 控制台会要求你输入一些 Action 所需的信息。这些通常是或短或长的格式化说明、开发人员的详细信息、隐私政策、Action 的条款和条件以及徽标等。全部填写成功后，单击 Save（保存）按钮。

（3）在左侧导航栏的 Deploy（部署）类别下单击 Release（版本）以打开 Releases（版本）页面。在这里，可选择 Alpha 版本选项并单击 Submit for release（提交版本）。

该部署需要若干个小时才能完成。部署完成后，你将能够在已登录到 Google 账户（已内置该 Action）的任何设备上测试你的 Action。

在成功创建和部署 Dialogflow 代理后，我们将开发一个 Flutter 应用程序，并使它具有与代理交互的能力。单屏应用程序的用户界面与任何基本的移动聊天应用程序非常相似，带有一个可以输入消息的文本框，这是对 Dialogflow 代理的查询，另外还有一个将查询发送给代理的 Send（发送）按钮。该屏幕还将包含一个列表视图，以显示来自用户的所有查询和来自代理的响应。此外，Send（发送）按钮旁边将有一个麦克风选项，以便用户可以利用语音转文本功能向代理发送查询。

3.11 为对话式应用程序创建用户界面

我们将首先使用一些硬编码文本为应用程序创建基本用户界面，以测试用户界面是否正确更新。然后，我们将集成 Dialogflow 代理，以便它可以回答查询并告诉用户他们的幸运数字，然后添加麦克风选项，以便可以利用语音转文本功能。

该应用程序的整体小部件树如图 3-13 所示。

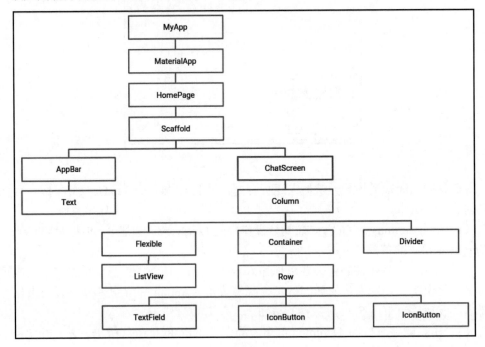

图 3-13

接下来，我们将详细讨论每个小部件的实现。

3.11.1　创建文本控制器

首先，让我们在名为 chat_screen.dart 的新 dart 文件中创建一个名为 ChatScreen 的 StatefulWidget。请按照以下步骤操作。

（1）创建一个文本框（在 Flutter 术语中，这称为 TextField，它允许用户输入文本）。要创建 TextField，需要定义 createTextField()。

```
Widget createTextField() {
    return new Flexible(
        child: new TextField(
            decoration:
            new InputDecoration.collapsed(hintText: "Enter yourmessage"),
            controller: _textController,
            onSubmitted: _handleSubmitted,
        ),
    );
}
```

ℹ️ **注意：**

onSubmitted 属性用作该文本域（TextField）的回调，以便在用户指示他们已将文本输入 TextField 时进行处理。当按下键盘上的 Enter 键时触发该属性。

在上面的 TextField 小部件中，当用户完成输入文本时即调用_handleSubmitted()。下文将对_handleSubmitted()进行详细介绍。

我们还将 decoration 属性指定为 collapsed，以删除可能出现在文本域中的默认边框。我们指定了一个 hintText 属性，即 Enter your message（请输入你的消息）。为了侦听更改并更新 TextField，我们还附加了一个 TextEditingController 实例。可以通过执行以下代码来创建实例。

```
final TextEditingController _textController = new TextEditingController();
```

ℹ️ **注意：**

与 Java 不同，Dart 没有 public、private 或 protected 等关键字来定义变量的使用范围。相反，它在标识符名称之前使用下画线（_）来指定该标识符是某个类私有的。

（2）在 createSendButton()函数中创建一个发送按钮，该按钮可用于向代理发送查询：

```
Widget createSendButton() {
```

```
return new Container(
    margin: const EdgeInsets.symmetric(horizontal: 4.0),
    child: new IconButton(
        icon: new Icon(Icons.send),
        onPressed: () => _handleSubmitted(_textController.text),
    ),
);
}
```

在 Flutter 中，可以使用 Icons 类轻松添加类似于发送按钮的图形图标。为此，我们创建了一个新的 Icon 实例并指定 Icons.send，以便将小部件用作发送按钮。这可以作为 icon 属性的参数。我们还设置了 onPressed 属性，当用户单击 Send（发送）按钮时调用该属性。在这里，我们再次调用_handleSubmitted。

🛈 注意：
=>有时也称为箭头，是一种速记符号，用于定义仅包含一行的方法。例如，方法 fun() { return 10; }可以写成下面的形式。

```
fun() => return 10;
```

（3）文本域和 Send（发送）按钮应该并排显示，因此可以将它们作为子项添加到 Row 小部件，以便将它们包装在一行中。包装好的 Row 小部件位于屏幕底部。

可以在_buildTextComposer()中创建这个小部件。

```
Widget _buildTextComposer() {
    return new IconTheme(
        data: new IconThemeData(color: Colors.blue),
        child: new Container(
            margin: const EdgeInsets.symmetric(horizontal: 8.0),
            child: new Row(
                children: <Widget>[
                    createTextField(),
                    createSendButton(),
                ],
            ),
        ),
    );
}
```

_buildTextComposer()函数可返回一个 IconTheme 小部件，这个小部件还有一个 Container，是其子项。在该 Container 中，又包含一个 Row 小部件，由我们在步骤（1）和（2）中创建的文本域和发送按钮组成。

接下来，我们将构建一个 ChatMessage 小部件，用于显示用户与聊天机器人的交互。

3.11.2　创建 ChatMessage

来自用户的查询和来自代理的响应可以被认为是单个组件的两个不同部分。我们将为它们创建两个不同的容器，然后将它们添加到一个名为 ChatMessage 的单个单元中。这样可以确保每个查询及其答案的显示顺序与用户输入的顺序相同。

我们首先在名为 chat_message.dart 的新 dart 文件中创建一个名为 ChatMessage 的有状态小部件。如图 3-14 所示，该 ChatMesage 被划分为 Query（查询）和 Response（响应）两个部分。

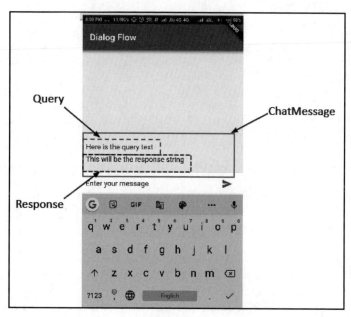

图 3-14

原　　文	译　　文	原　　文	译　　文
Query	查询	Response	响应

要创建屏幕的用户界面，请按照下列步骤操作。

（1）创建一个包含一些文本的 Container（容器），它将在屏幕上显示用户输入的查询。

```
new Container(
    margin: const EdgeInsets.only(top: 8.0),
    child: new Text("Here is the query text",
```

```
        style: TextStyle(
            fontSize: 16.0,
            color: Colors.black45,
        ),
    ),
)
```

我们首先为该容器提供 8.0 的上边距，容器中包含一个字符串，每当用户输入查询时都会显示该字符串。在调用_handleSubmitted()时，此硬编码字符串会被修改为字符串参数。我们还将 fontSize 属性修改为 16.0，并将颜色设置为 black45（深灰色），以帮助用户区分查询和响应。

（2）创建一个容器来显示响应字符串。

```
new Container(
    margin: const EdgeInsets.only(top: 8.0),
    child: new Text("This will be the response string",
        style: TextStyle(
            fontSize: 16.0
        ),
    ),
)
```

该容器的上边距属性为 8.0，它也包含一个硬编码的响应字符串。这个容器稍后会被修改，以便它可以适应用户的响应。

（3）将这两个容器包装在一个 Column（列）中，并将它作为一个容器从 build()方法返回，该容器将在有状态小部件（即 ChatMessage）内被覆盖。

```
@override
Widget build(BuildContext context) {
    return new Container(
        margin: const EdgeInsets.symmetric(vertical: 10.0),
        child: new Column(
            crossAxisAlignment: CrossAxisAlignment.start,
            children: <Widget>[
                new Container(
                    margin: const EdgeInsets.only(top: 8.0),
                    child: new Text("Here is the query text",
                        style: TextStyle(
                            fontSize: 16.0,
                            color: Colors.black45,
                        ),
                    ),
```

```
        ),
        new Container(
            margin: const EdgeInsets.only(top: 8.0),
            child: new Text("this will be the response text",
                style: TextStyle(
                    fontSize: 16.0
                ),
            ),
        )
    ]
)
)
};
```

🅣 提示:

在 Flutter 中,文本被包装在一个 Container 中。一般来说,当它们太长而无法水平放入屏幕时,它们往往会从屏幕溢出。这可以看到在屏幕角落出现了一个红色标记。为避免文本溢出,请确保将 Container 与 Text 包装在 Flexible 中,以便文本可以垂直占据可用空间并自行调整。

(4) 为了存储和显示所有字符串(查询和响应),我们将使用一个 ChatMessage 类型的 List。

```
final List<ChatMessage> _messages = <ChatMessage>[];
```

此列表应出现在我们之前创建的 TextField 上方,以接收用户的输入。

(5) 为了确保文本域以垂直顺序正确显示,我们需要将它们包装在列中,并从 ChatScreen.dart 的 Widget build()方法返回它们。该列的 3 个子项是一个灵活的列表视图、一个分隔符和一个带有文本域的容器。

该用户界面是通过覆盖 build()方法创建的,如下所示。

```
@override
Widget build(BuildContext context) {
    return new Column(
        children: <Widget>[
            new Flexible(
                child: new ListView.builder(
                    padding: new EdgeInsets.all(8.0),
                    reverse: true,
                    itemBuilder: (_, int index) => _messages[index],
                    itemCount: _messages.length,
                ),
```

```
        ),
        new Divider(
            height: 1.0,
        ),
        new Container(
            decoration: new BoxDecoration(
                color: Theme.of(context).cardColor,
            ),
            child: _buildTextComposer(),
        ),
    ],
);
}
```

ListView 包含 ChatMessages 并将其作为其子项，它被设置为 Flexible，以允许其在放置分隔符（Divider）和文本域的容器后在垂直方向上占据屏幕的整个可用空间。它在所有 4 个主要方向上的填充为 8.0。

此外，reverse 属性被设为 true，以使其可在从下到上的方向上滚动。itemBuilder 属性被分配了索引的当前值，以便它可以构建子项。

另外，还为 itemCount 分配了一个值，以帮助列表视图正确估计最大可滚动内容。该列的第二个子项创建了一个分隔符。这是一个 devicePixel 粗水平线，用于标记列表视图和文本域的分隔。

在列的最底部位置，我们放置了一个带有文本域的容器作为其子项。这是通过调用之前定义的_buildTextComposer()方法来构建的。

（6）在 ChatScreen.dart 方法中定义_handleSubmitted()以正确响应应用用户的发送消息 Action。

```
void _handleSubmitted(String query) {
    _textController.clear();
    ChatMessage message = new ChatMessage(
        query: query, response: "This is the response string",
    );
    setState(() {
        _messages.insert(0, message);
    });
}
```

该方法的字符串参数包含用户输入的查询字符串的值。该查询字符串以及一个硬编码的响应字符串用于创建 ChatMessage 的实例，并插入到_messages 列表中。

（7）在 ChatMessage 中定义一个构造函数，以便正确传递和初始化参数值、查询和响应。

```
final String query, response;
ChatMessage({this.query, this.response});
```

（8）分别修改 ChatMessages.dart 中 query 和 response 容器内 Text 属性的值，使显示在屏幕上的文本与用户输入的文本一致。

```
// 修改查询文本
child: new Text(query,
    style:...
)

// 修改响应文本
child: new Text(response,
    style:...
)
```

成功编译到目前为止所编写的代码之后，屏幕应如图 3-15 所示。

图 3-15

从图 3-15 中可以看到，虚拟查询文本（显示为灰色）将由用户编写，而响应字符串（显示为黑色）则来自聊天机器人。

注意：

整个 chat_message.dart 文件的网址如下。

https://github.com/PacktPublishing/Mobile-Deep-Learning-Projects/blob/master/Chapter3/ActionsOnGoogleWithFlutter-master/lib/chat_message.dart

在下一节中，我们将集成 Dialogflow 代理，以便可以对用户查询进行实时响应。

3.12　集成 Dialogflow 代理

我们已经为应用程序创建了一个非常基本的用户界面，现在的任务就是将 Dialogflow 代理与应用程序集成，以便代理能实时响应用户输入的文本。

下面按以下步骤进行操作。

（1）为了在应用程序中集成 Dialogflow，可使用名为 flutter_dialogflow 的 Flutter 插件。

注意：

要深入了解此插件，请访问以下网址。

https://pub.dartlang.org/packages/flutter_dialogflow

将以下依赖项添加到 pubspec.yaml 文件的插件部分。

```
dependencies:
    flutter_dialogflow: ^0.1.0
```

（2）接下来需要安装依赖。这可以使用以下命令来完成。

```
$ flutter pub get
```

也可以通过单击屏幕上显示的选项来完成。在这里，我们将使用 dialogflow_v2，所以可在 chat_screen.dart 文件中导入包。

```
import 'package:flutter_dialogflow/dialogflow_v2.dart';
```

（3）添加包含 GCP 凭据的 gcp-api.json 文件。这是你在项目控制台上创建 Dialogflow 代理时下载的。为此，需要创建一个 assets 文件夹并将 gcp-api.json 文件放入其中，如图 3-16 所示。

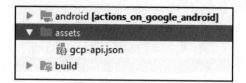

图 3-16

（4）在 pubspec.yaml 文件的 assets 部分添加文件路径。

```
flutter:
  uses-material-design: true
  assets:
  - assets/your_file_downloaded_google_cloud.json
```

（5）修改_handleSubmitted()以便它可以与代理通信并获得对用户输入的查询的响应。

```
Future _handleSubmitted(String query) async {
    _textController.clear();

    // 与 DailogFlow 代理通信
    AuthGoogle authGoogle = await AuthGoogle(fileJson: "assets/gcp-
api.json").build();
    Dialogflow dialogflow = Dialogflow(authGoogle:
authGoogle,language: Language.english);
    AIResponse response = await dialogflow.detectIntent(query);
    String rsp = response.getMessage();
    ChatMessage message = new ChatMessage(
        query: query, response: rsp
    );
    setState(() {
        _messages.insert(0, message);
    });
}
```

首先，通过指定 assets 文件夹的路径来创建一个名为 authGoogle 的 AuthGoogle 实例。

接下来，创建一个 Dialogflow 代理的实例，指定 Google 身份验证实例以及用于与其通信的语言。在这里，我们选择了英语。

然后使用 response.getMessage()获取响应并存储在 rsp 字符串变量中，在创建 ChatMessage 实例时传递该变量以确保两个字符串（query 和 response）在屏幕上正确更新。

图 3-17 显示了进行上述修改后的应用程序，反映了来自用户的实际查询和来自 Dialogflow 代理的响应。

接下来，我们将向应用程序添加音频交互功能。

图 3-17

3.13　添加与 Assistant 的音频交互

现在我们将向示例应用程序添加语音识别功能，以便它可以听取用户的查询并采取相应的行动。

3.13.1　添加插件

在这里我们将使用 speech_recognition 插件，为此需要添加依赖项。

（1）将依赖项添加到 pubspec.yaml 文件中，如下所示。

```
dependencies:
    speech_recognition: "^0.3.0"
```

（2）通过运行以下命令行参数来获取包。

```
flutter packages get
```

（3）由于要使用设备的麦克风，因此需要获得用户的许可。为此需要根据不同的操作系统添加不同的代码行。

在 iOS 系统上，该权限是在 infos.plist 文件中指定的。

```
<key>NSMicrophoneUsageDescription</key>
<string>This application needs to access your microphone</string>
<key>NSSpeechRecognitionUsageDescription</key>
<string>This application needs the speech recognition permission</string>
```

在 Android 系统上，该权限是在 AndroidManifest.xml 文件中指定的。

```
<uses-permission android:name="android.permission.RECORD_AUDIO" />
```

（4）现在将包导入 chat_screen.dart 文件，以便使用。

```
import 'package:speech_recognition/speech_recognition.dart';
```

接下来，我们将添加 speech_recognition 插件来帮助音频交互。

3.13.2　添加 SpeechRecognition

添加 speech_recognition 插件并导入包后，即可在应用程序中使用。我们首先添加将在应用程序内部处理语音识别的方法，操作步骤如下。

（1）添加并初始化所需的变量。

```
SpeechRecognition _speechRecognition;
bool _isAvailable = false;
bool _isListening = false;
String transcription = '';
```

_speechRecognition 是 SpeechRecognition 的一个实例。_isAvailable 很重要，因为它让平台（Android/iOS）知道我们正在与之交互，并且_isListening 将用于检查应用程序当前是否正在侦听麦克风。

最初，我们将两个 boolean 变量的值都设置为 false。transcription 是一个字符串变量，用于存储被侦听的字符串。

（2）定义 activateSpeechRecognizer()方法以设置音频操作。

```
void activateSpeechRecognizer() {
    _speechRecognition = SpeechRecognition();
```

```
    _speechRecognition.setAvailabilityHandler((bool result)
        => setState(() => _isAvailable = result));

    _speechRecognition.setRecognitionStartedHandler(()
        => setState(() => _isListening = true));

    _speechRecognition.setRecognitionResultHandler((String text)
        => setState(() => transcription = text));

    _speechRecognition.setRecognitionCompleteHandler(()
        => setState(() => _isListening = false));
}
```

在上面的代码片段中，我们在_speechRecognition 中初始化了 SpeechRecognition 的实例。然后，通过调用_speechRecognition.setAvailabilityHandler()回调函数来设置 AvailabilityHandler，该回调函数需要传回一个 boolean 结果，该结果可以赋值给 _isAvailable。

接下来，我们设置 RecognitionStartedHandler，它在语音识别服务启动时执行，并将 _isListening 设置为 true，表示移动设备的麦克风当前处于活动状态并且正在侦听。

之后，我们使用 setRecognitionResultHandler 设置 RecognitionResultHandler，它将返回结果文本，这存储在字符串 transcription 中。

最后，我们设置 RecognitionCompleteHandler，它在麦克风停止侦听时将_isListening 设置为 false。

（3）公开 initState() 函数调用 activateSpeechRecognizer()，将它包含在其中以设置 _speechRecognition 实例，具体代码如下所示。

```
@override
void initState(){
    super.initState();
    activateSpeechRecognizer();
}
```

至此，应用程序能够识别音频并将其转换为文本。接下来，我们将改进用户界面，以便用户可以提供音频作为输入。

3.13.3　添加麦克风按钮

在激活了语音识别器之后，即可在 Send（发送）按钮旁边添加一个麦克风图标，以允许用户使用语音识别选项。

请按照以下方法操作。

定义一个 createMicButton() 函数，该函数将作为第三个子项添加到 _buildTextComposer()的 Row 小部件中。

```
Widget createMicButton() {
    return new Container(
    margin: const EdgeInsets.symmetric(horizontal: 4.0),
        child: new IconButton(
        icon: new Icon(Icons.mic),
        onPressed: () {
            if (_isAvailable && !_isListening) {
                _speechRecognition.recognitionStartedHandler();
                _speechRecognition .listen(locale: "en_US")
                .then((transcription) => print('$transcription'));
            } else if (_isListening) {
                _isListening = false;
                transcription = '';
                _handleSubmitted(transcription);
                _speechRecognition
                .stop()
                .then((result) => setState(() => _isListening = result));
                }
            }
        ),
    );
}
```

在上面的代码片段中，返回了一个带有子项 IconButton 的 Container，它的小部件为 Icons.mic。我们使用 onPressed()为按钮提供双重功能，这样，当它被按下时即可开始侦听用户说话，而再次被按下时，则可以停止录制，并调用_handleSubmitted()方法，通过传递录制的字符串与代理交互。

首先，我们使用_isAvailable 和_isListening 变量检查麦克风是否可用并且尚未侦听用户。如果 if 语句中的条件为 true，则将_isListening 的值设置为 true。

然后，通过调用_speechRecognition 上的.listen()方法开始侦听。locale 参数可指定识别的语言，本示例选择的是 en_US（美式英语）。相应的字符串将存储在 transcription 变量中。

当再次按下麦克风停止录音时，不满足 if 条件，因为_isListening 的值设置为 true。现在，执行 else 块。于是通过传递 transcription 的值来调用_handleSubmitted()，以便它可以与代理交互，然后使用结果_isListening 的值设置为 true。

在成功编译所有代码并将 ChatScreen 包装在 main.dart 文件的 MaterialApp 实例中后，应用程序界面和运行结果将如图 3-18 所示。

图 3-18

注意：

chat_screen.dart 文件的网址如下。

https://github.com/PacktPublishing/Mobile-Deep-Learning-Projects/blob/master/Chapter3/ActionsOnGoogleWithFlutter-master/lib/chat_screen.dart

整个项目的网址如下。

https://github.com/PacktPublishing/Mobile-Deep-Learning-Projects/tree/master/Chapter3/ActionsOnGoogleWithFlutter-master

3.14　小　　结

本章介绍了一些可用于创建聊天机器人的最常用工具，然后深入讨论了 Dialogflow 及其所使用的基本术语。我们阐释了 Dialogflow 控制台的工作原理，以便读者可以创建自己的 Dialogflow 代理。为此，我们创建了一个 Intent，该 Intent 能够提取用户姓名并将其作为集成添加到 Google Assistant 中，以便它可以使用幸运数字进行响应。

在将 Webhook 部署到 Cloud Functions 并创建 Actions on Google 版本后，我们创建了一个对话式 Flutter 应用程序。我们学习了如何创建对话式应用程序界面并集成 Dialogflow 代理，以利用基于聊天机器人响应的深度学习模型。

最后，我们还使用了 Flutter 插件向应用程序添加语音识别功能，该应用程序可使用基于深度学习的模型将语音转换为文本。

第 4 章将研究定义和部署自定义深度学习模型并将它们集成到移动应用程序中。

第 4 章   识别植物物种

本章将深入讨论如何构建能够从图像中识别植物物种的自定义 TensorFlow Lite 模型，该模型将在移动设备上运行，主要用于识别不同的植物物种。该模型将使用在 TensorFlow 的 Keras API 上开发的深度卷积神经网络（convolutional neural network，CNN）进行图像处理。

本章还将介绍如何使用基于云的 API 来执行图像处理。我们将以 Google 云平台（Google Cloud Platform，GCP）提供的 Cloud Vision API 为例。

在学习完本章内容之后，你将会理解基于云的服务对于深度学习（deep learning，DL）应用程序的重要性，以及在移动设备上离线执行即时深度学习任务时设备内置模型的优势。

本章涵盖以下主题。

❑   图像分类介绍。

❑   了解项目架构。

❑   Cloud Vision API 简介。

❑   配置 Cloud Vision API 以进行图像识别。

❑   使用软件开发工具包（software development kit，SDK）构建模型。

❑   创建用于图像识别的自定义 TensorFlow Lite 模型。

❑   创建 Flutter 应用程序。

❑   运行图像识别程序。

4.1   技 术 要 求

本章的软件及技术需求如下。

（1）Anaconda 和 Python（3.6 或更高版本）。

（2）TensorFlow 2.0。

（3）GCP 账户（已启用 Billing 计费）。

（4）Flutter。

本章代码可以在本书配套的 GitHub 存储库中找到，其网址如下。

https://github.com/PacktPublishing/Mobile-Deep-Learning-Projects/tree/master/Chapter4

4.2　图像分类简介

图像分类是当今人工智能（artificial intelligence，AI）的主要应用领域。我们可以在生活周围的很多地方找到图像分类的实例，例如手机的人脸解锁、物体识别、光学字符识别（optical character recognition，OCR）、照片中的人物标记等。

虽然从人类的角度来看，这些任务似乎很简单，但对计算机来说就没有那么简单了。首先，系统必须从图像中识别物体或人，并在其周围绘制一个边界框，然后进行分类。这两个步骤都是计算密集型的，很难在计算资源受限的移动设备上执行。

研究人员每天都在努力克服图像处理中的一些挑战。例如，如何通过面部识别判断戴眼镜和不戴眼镜或未留胡须和新长胡须的人脸属于同一个人；在拥挤的环境下，通过面部识别跟踪多人；如何识别手写字体风格；等等。深度学习是克服这些挑战的绝佳工具，它能够学习图像中的若干种不可见模式。

将深度学习用于图像处理时，常见的方法是部署卷积神经网络（CNN），这在前面的章节中已经有所介绍。要复习其概念和基本原理，请参阅第 2 章"移动视觉——使用设备内置模型执行人脸检测"，该章介绍了如何将深度学习模型转换为可以在移动设备上高效运行的精简模型。

读者可能想知道如何构建这些模型。为了简化语法，充分利用 TensorFlow API 的强大功能以及广泛的技术社区支持，我们将使用 Python 来构建这些模型。

很明显，在开发机器上需要一个 Python 运行时（runtime），除此之外，对于本项目，我们将选择一个更快、更强大的选项——Google 的 Colaboratory 环境。Colaboratory 简称 Colab，可提供即用型运行时，其中预装了若干个重要的机器学习（machine learning，ML）和数据科学相关模块。此外，Colaboratory 还支持图形处理单元（graphics processing unit，GPU）和张量处理单元（tensor processing unit，TPU）的运行时，这使得深度学习模型的训练变得轻而易举。

最后，我们将直接在移动设备上部署自定义的 TensorFlow Lite 模型，这对于旨在快速工作且不需要定期更新的模型来说是一种很好的做法。

接下来，让我们从了解项目架构开始。

4.3　了解项目架构

构建本章项目将需要以下技术。

❑　TensorFlow：使用 CNN 构建分类模型，其网址如下。

https://www.tensorflow.org

❑　TensorFlow Lite：一种可以在移动设备上高效运行的精简 TensorFlow 模型格式，其网址如下。

https://www.tensorflow.org/lite

❑　Flutter：跨平台应用的开发库，其网址如下。

https://flutter.dev

感兴趣的读者可以通过访问上述链接详细了解这些技术。图 4-1 给出了这些技术在本章项目中发挥作用的框图。

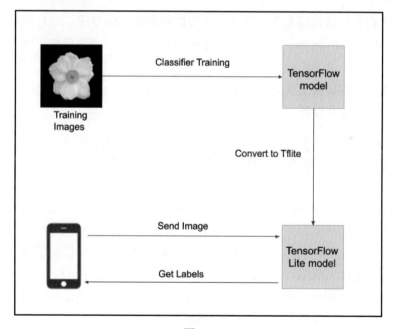

图 4-1

原　　文	译　　文	原　　文	译　　文
Training Images	训练图像	TensorFlow Lite model	TensorFlow Lite 模型
Classifier Training	分类器训练	Get Labels	获取标签
TensorFlow model	TensorFlow 模型	Send Image	发送图像
Convert to Tflite	转换为.tflite		

首先，我们将在包含数百张图像的数据集上训练分类模型。为此，需要使用 Python 构建一个 TensorFlow 模型。然后，该模型必须以 .tflite 格式保存（.tflite 是 TensorFlow Lite 模型的扩展名）。

后端介绍到此结束，我们切换到前端。

在前端，我们首先使用 Flutter 构建一个应用程序，该应用程序可以从设备上存在的图库加载图像。驻留在 Firebase 上的预测模型被下载并缓存到设备上。从图库中选择的图像将传递给模型，该模型可预测图像中显示的植物物种的名称。模型存储在移动设备上，因此，即使在离线状态下也可以使用模型。

设备内置模型（on-device model）是在移动应用程序上使用深度学习的强大且首选的方式。如今，任何一个普通人的手机上都可能有若干个应用程序使用设备内置模型来为其应用带来智能。

设备内置模型一般来说是在台式机上开发的模型的压缩形式，并且可能会也可能不会编译为字节码。TensorFlow Lite 等框架对.tflite 模型进行了特殊优化，因此它们比非移动形式的模型更小、运行速度更快。

在开始为任务构建自定义模型之前，让我们全面了解一下可以使用哪些预先存在的工具或服务来执行此类任务。

4.4　Cloud Vision API 简介

Cloud Vision API 是来自 Google 云平台（GCP）的流行 API。它已经成为使用计算机视觉构建应用程序的基准服务。

所谓计算机视觉（computer vision，CV），简言之就是计算机识别图像中实体的能力，识别范围从人脸到道路，再到用于自动驾驶任务的车辆，不一而足。

此外，计算机视觉还可用于自动执行由人类视觉系统执行的任务。例如，计算道路上行驶的车辆数量，以及观察物理环境的变化等。

计算机视觉在以下领域得到了广泛的应用。

❑　在社交媒体平台上标记已识别的人脸。

❑　从图像中提取文本。

❑　识别图像中的对象（目标）。

❑　自动驾驶汽车。

❑　基于医学图像的预测。

❑　反向图像搜索。

❑　地标特征检测。

❑　名人识别。

Cloud Vision API 提供对上述某些任务的轻松访问，可返回每个已识别实体的标签。例如，在图 4-2 中可以看到，通过 Landmarks（地标特征）检测已经识别出了具有 200 年历史的 Howrah 桥。根据地标信息，预测这张图片属于 Kolkata（加尔各答）市。

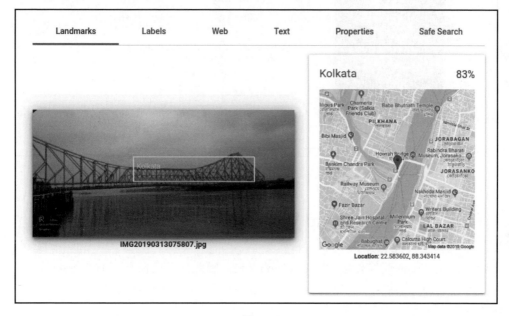

图 4-2

在图 4-2 中，最主要的标签是 bridge（桥梁）和 suspension bridge（悬索桥），这两个标签都与考虑的桥梁有关。如图 4-2 所示，用户还可以通过单击 Response（响应）部分中的 Text（文本）选项卡来检查图像中是否有任何可识别的文本。

要检查图像是否适合安全搜索或其中是否包含某些令人不安的内容元素，可单击 Safe Search（安全搜索）选项卡。例如，接到名人电话的图像很可能是一个恶作剧，如图 4-3 所示。

接下来，我们首先设置 Google 云平台（GCP）账户，然后创建使用 Cloud Vision API 的 Flutter 应用程序示例。

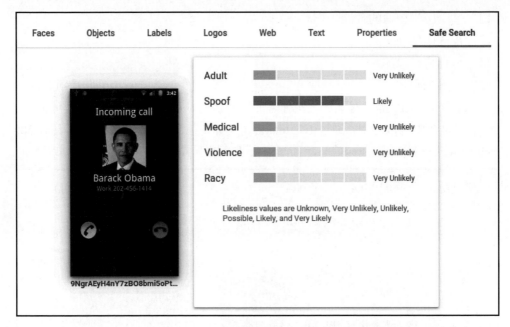

图 4-3

4.5　配置 Cloud Vision API 以进行图像识别

我们将让 Flutter 程序使用 Cloud Vision API，因此你必须拥有一个 Google 账户，我们假设你已经拥有该账户。如果没有，可以通过以下注册链接免费创建一个 Google 账户。

https://accounts.google.com/signup

在拥有 Google 账户之后，才可继续执行下面的操作。

4.5.1　启用 Cloud Vision API

要创建 GCP 账户，请转到以下链接。

https://cloud.google.com

完成初始的注册后，你将看到类似图 4-4 所示的仪表板（dashboard）。

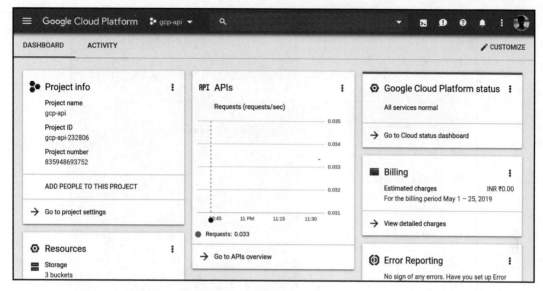

图 4-4

在左上角，你将能够看到三栏式菜单，其中列出了 GCP 上可用的所有服务和产品。Project name（项目名称）显示在搜索栏的左侧。

请确保你为创建的项目启用了 Billing（账单）计费，这样才可以进一步操作。

在右侧，你可以看到用户个人资料信息、通知和 Google Cloud Shell 调用图标。

仪表板的中心显示了当前用户正在运行的服务的各种日志和统计信息。

为了访问并使用 Cloud Vision API，首先需要为项目启用它并为服务创建 API 密钥。为此，请执行以下步骤。

（1）单击左上角的汉堡菜单图标，打开一个菜单，如图 4-5 所示。

（2）单击 APIs & Services（API 和服务）选项。这将打开 APIs 仪表板，其中显示了与项目中启用的 API 相关的统计信息。

（3）单击 Enable APIs and Services（启用 API 和服务）按钮。

（4）在出现的搜索框中，输入 Cloud Vision API。

（5）单击相关搜索结果。该 API 提供者将被列为 Google。

（6）API 页面打开后，单击 Enable（启用）。之后，应该显示一个图标，表明你已启用此 API，并且 Enable（启用）按钮将变为 Manage（管理）。

为了能够使用 Cloud Vision API，你还必须为此服务创建 API 密钥。下一节将详细介绍此操作。

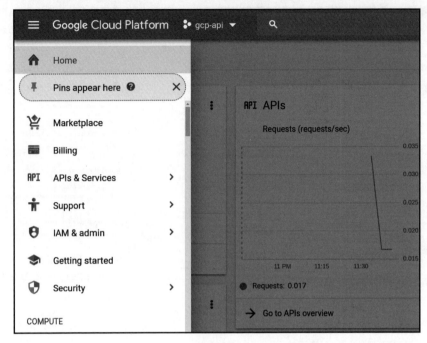

图 4-5

4.5.2　创建 Cloud Vision API 密钥

现在，你必须创建一个 API 密钥来访问该 API 并从中获得响应。

具体操作步骤如下。

（1）再次打开左侧导航菜单并将鼠标悬停在 APIs & Services（API 和服务）菜单项上，然后在出现的子菜单中单击 Credentials（凭据）。

（2）单击 Create Credentials（创建凭据）按钮。在出现的下拉列表中选择 API Key（API 密钥），如图 4-6 所示。

（3）API 密钥创建完成。在调用 Cloud Vision API 时，你将需要此 API 密钥。

🛈 注意：

API 密钥方法仅适用于 GCP 的少数选定 API 和服务，并且不是很安全。如果读者想完全访问所有 API 和服务以及细粒度的安全性，则需要将该方法与服务账户一起使用。为此，可以阅读 GCP 官方文档中的以下说明。

https://cloud.google.com/docs/authentication/

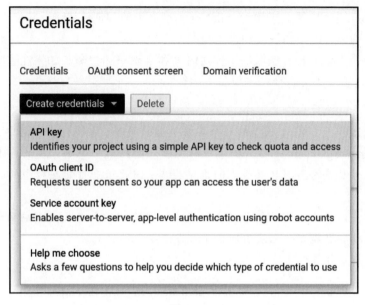

图 4-6

有了可供使用的 API 密钥，即可通过 Flutter 应用程序进行 API 调用。接下来，我们将在 Colaboratory 上开发预测模型并将其保存为.tflite 模型。

4.6 使用 SDK/工具构建模型

前面我们已经介绍了为使用现有的基于服务的深度学习模型预测图片中存在的植物种类而采取的准备工作。下面，我们将在来自 5 种不同花卉的样本上训练图像分类器模型。然后，该模型将尝试确定花朵的任何图像可能属于的物种。但是，此类模型通常是在普遍可用的数据集上进行训练的，并且有时可能不具有所需的特异性——如在科学实验室任务中。因此，你必须学习如何构建自己的模型来预测植物物种。

4.6.1 自定义模型的两种方法

自定义模型可以通过完全从头开始训练模型来实现，或者通过扩展现有模型来实现。完全从头开始训练模型的好处是你可以完全控制输入模型的数据，以及在训练期间学习模型所做的任何事情。但是，如果以这种方式设计模型，它可能会比较慢，并且容易受到偏差（bias）的影响。

TensorFlow 团队扩展了诸如 MobileNet 模型之类的预训练模型，其优点是速度超快，缺点是它的准确率可能不如从头构建的模型。

具体选择使用哪一种方法取决于你对时间和准确率的权衡。如果注重时间和速度，那么 MobileNet 模型更适合在移动设备上运行。

ℹ️ **注意：**

偏差是机器学习（ML）模型的一个非常关键的问题。在统计学术语中，这种偏差或抽样偏差（sampling bias）是指数据集中的偏差。数据集中每个分类的样本数量应该是相同的，但是有偏差的类别只有很少的训练样本，因此很有可能在模型的输出预测中被忽略。

有偏差模型的一个很好的例子是在仅包含小孩脸部的数据集上训练面部识别模型，其结果就是该模型可能完全无法识别成年人或老年人的面孔。

有关识别样本偏差的更多信息，可访问以下网址。

https://www.khanacademy.org/math/ap-statistics/gathering-data-ap/sampling-observational-studies/a/identifying-bias-in-samples-and-surveys

因此，下面将使用 MobileNet 模型来实现其在移动设备上快速执行的功能。为此，我们将使用 TensorFlow 的 Keras API。用于完成该任务的语言是 Python，如前文所述，Python 对于 TensorFlow 框架来说是最适用的语言。在接下来的章节中，我们假设你具有与 Python 相关的基础知识。当然，了解 TensorFlow 和 Keras 如何在该项目中协同工作也非常重要。

我们将在 Colaboratory 环境中工作，因此，有必要先了解一下该工具。

4.6.2　Google Colaboratory 简介

由 Google 提供的 Colaboratory 工具允许用户在该公司提供的计算资源上运行类似 Notebook 的运行时（Runtime），并且可以选择免费使用 GPU 和 TPU。该运行时预加载了若干个与机器学习和数据科学相关的 Python 模块。

Colaboratory 中的 Notebook 全都能够直接从代码中访问 GCP API（使用适当的配置）。每个 Notebook 都有自己的临时存储空间，当运行时断开连接时，该空间会被销毁。同样，可以将 Colaboratory Notebook 与 GitHub 同步，从而实现最新的版本控制。

一般来说，Colaboratory Notebook 驻留在用户的 Google Drive 存储中，可以与多个用户实时共享和协同工作。

要打开 Colaboratory，请转到以下链接。

https://colab.research.google.com

打开上述页面，读者将看到一个 Welcome Notebook 示例。读者可以浏览一下这个示例，以对 Colaboratory 的工作原理有一个基本的了解。在该 Notebook 的左侧，可以看到导航选项卡，如图 4-7 所示。

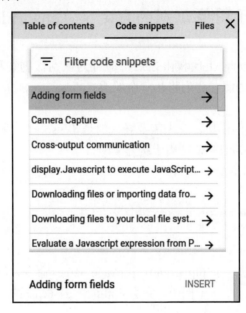

图 4-7

Table of contents（目录）选项卡显示在该 Notebook 中创建的标题和子标题，它们是使用 Markdown 格式声明的。

Code snippets（代码片段）选项卡可为 Colaboratory 上的一些常见功能提供快速的单击插入（Click-and-Insert）代码片段。如果你对 Colaboratory 不太熟悉，但希望执行特定任务，则可以在这里搜索该任务。

第三个选项卡 Files（文件）是分配给此 Notebook 的存储空间。此处存储的文件对此 Notebook 是保密的，不会显示在其他任何地方。使用脚本下载或由脚本创建的任何文件都存储在此处。你可以使用此屏幕上的 File Manger（文件管理器）浏览 Notebook 的整个目录结构。

ⓘ **注意：**

右侧的主要部分是 Notebook 本身。要熟悉使用 Colaboratory 和 Notebook，建议访问以下链接。

https://www.geeksforgeeks.org/how-to-use-google-colab/

4.7 创建用于图像识别的自定义 TensorFlow Lite 模型

在获得了 Colaboratory 上的权限之后，即可为识别植物物种的任务构建自定义的 TensorFlow Lite 模型。为此，我们将从一个新的 Colaboratory Notebook 开始，具体操作步骤如下。

（1）导入项目所需的模块。首先需要导入的是 TensorFlow 和 NumPy。NumPy 将用于处理图像数组，而 TensorFlow 则用于构建 CNN。

导入模块的代码如下所示。

```
!pip install tf-nightly-gpu-2.0-preview
import tensorflow as tf
import numpy as np
import os
```

可以看到在第一行使用了!pip install <package-name>命令，这可用于在 Colaboratory Notebook 中安装软件包。在本示例中，它会安装最新的 TensorFlow 版本，该版本在内部实现了 Keras 库，该库将用于构建 CNN。

ⓘ **注意：**

有关使用!pip install 命令以及将新库导入并安装到 Colaboratory 运行时的更多信息，请访问以下网址。

https://colab.research.google.com/notebooks/snippets/importing_libraries.ipynb

（2）要运行代码单元格，请按 Shift+Enter 快捷键。TensorFlow 版本的下载和安装进度显示在你执行代码的单元格下方。这将需要几秒钟，之后你将收到以下类似消息，提示已成功安装软件包。

```
Successful installed <package_name>, <package_name>
...
```

（3）在步骤（1）的最后一行导入了 os，这是因为我们需要 os 模块来处理文件系统上的文件。

（4）下载数据集并提取图像。

现在，我们将从可用的统一资源定位符（Uniform Resource Locator，URL）下载数据集并将其解压缩到名为/content/flower_photos 的文件夹中，示例如下。

```
_URL =
"https://storage.googleapis.com/download.tensorflow.org/example_images/
flower_photos.tgz"

zip_file = tf.keras.utils.get_file(origin=_URL,
                                   fname="flower_photos.tgz",
                                   extract=True,
                                   cache_subdir='/content',)

base_dir = os.path.join(os.path.dirname(zip_file), 'flower_photos')
```

你可以使用左侧面板上的 Files（文件）选项卡浏览提取的文件夹的内容。你会发现该文件夹包含 5 个子文件夹：daisy（雏菊）、dandelion（蒲公英）、roses（玫瑰）、sunflower（向日葵）和 tulips（郁金香）。这些就是我们将用来训练模型的花卉种类，以下称为标签（labels）。

下文还将再次讨论这些文件夹名称。

（5）下一步是设置生成器以将数据传递给基于 TensorFlow 的 Keras 模型。

（6）现在需要创建两个生成器（generator）函数，用于将数据输入 Keras 神经网络。

Keras 的 ImageDataGenerator 类提供了两个实用函数来向 Python 程序提供数据，一个是使用 flow_from_directory 方法读取磁盘，另一个是使用 flow_from_dataframe 方法将图像转换为 NumPy 数组。在这里，我们将使用 flow_from_directory 方法，因为我们已经有一个包含图像的文件夹。

🛈 注意：

当然，这里必须注意，在步骤（4）中提到的包含图像的文件夹名称与图像所属的标签相同是故意的。这是 flow_from_directory 方法需要的文件夹结构设计，只有这样才可以使其正常运行。有关此方法的更多信息，可访问以下网址。

https://theailearner.com/2019/07/06/imagedatagenerator-flow_from_directory-method/

总结一下，目前的目录树如图 4-8 所示。

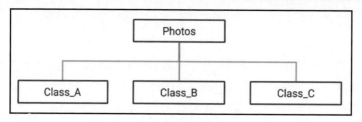

图 4-8

（7）然后，可以创建 ImageDataGenerator 类的对象，并使用它为训练数据集创建生成器，示例代码如下。

```
IMAGE_SIZE = 224
BATCH_SIZE = 64

datagen = tf.keras.preprocessing.image.ImageDataGenerator(
    rescale=1./255,
    validation_split=0.2)

train_generator = datagen.flow_from_directory(
    base_dir,
    target_size=(IMAGE_SIZE, IMAGE_SIZE),
    batch_size=BATCH_SIZE,
    subset='training')
```

datagen 对象采用两个参数：rescale 和 validation_split。

rescale 参数告诉对象将所有黑白图像转换为 0 到 255 的范围，就和 RGB 的尺度一样，因为 MobileNet 模型已经在 RGB 图像上训练过。

validation_split 参数可从数据集中分配 20%的图像作为验证集。当然，我们还需要为验证集创建一个生成器，就像为训练集所做的那样。

训练集生成器 train_generator 采用 target_size 和 batch_size 参数，另外还有其他参数。target_size 参数设置要生成的图像的尺寸，这是为了匹配 MobileNet 模型中图像的尺寸。batch_size 参数则指示应在单个批次中生成多少图像。

（8）验证集生成器的代码如下所示。

```
val_generator = datagen.flow_from_directory(
    base_dir,
    target_size=(IMAGE_SIZE, IMAGE_SIZE),
    batch_size=BATCH_SIZE,
    subset='validation')
```

（9）现在可以快速浏览一下这些生成器生成的数据的形状，如下所示。

```
for image_batch, label_batch in train_generator:
  break
image_batch.shape, label_batch.shape
```

这会产生以下输出。

```
((64, 224, 224, 3), (64, 5))
```

这意味着在 train_generator 的第一批中，创建了 64 张尺寸为 224×224×3 的图像，以及 64 个标签，它们采用的是 5 个独热编码（one-hot encoding）格式。

（10）分配给每个标签的编码索引可通过运行以下代码获得。

```
print(train_generator.class_indices)
```

这将产生以下输出。

```
{'daisy':0, 'dandelion':1, 'roses':2, 'sunflowers':3, 'tulips':4}
```

请注意标签名称的字母顺序。

（11）现在可保存这些标签以备将来在 Flutter 应用程序中部署模型时使用，具体代码如下所示。

```
labels = '\n'.join(sorted(train_generator.class_indices.keys()))

with open('labels.txt', 'w') as f:
  f.write(labels)
```

（12）接下来，我们将创建一个基础模型和冻结层。在这一步中，我们将首先创建一个基础模型，然后冻结模型中除最后一层之外的所有层，如下所示。

```
IMG_SHAPE = (IMAGE_SIZE, IMAGE_SIZE, 3)

base_model =
tf.keras.applications.MobileNetV2(input_shape=IMG_SHAPE,
                                  include_top=False,
                                  weights='imagenet')
```

这里的基础模型是通过导入 TensorFlow 团队提供的 MobileNetV2 模型创建的。输入形状设置为(64, 64, 3)，并导入来自 ImageNet 数据集的权重。你的系统上可能不存在该模型，在这种情况下，它将从外部资源下载。

（13）现在冻结基础模型，以便 MobileNetV2 模型中的权重不受未来训练的影响，如下所示。

```
base_model.trainable = False
```

（14）现在我们将创建一个扩展的 CNN，扩展基础模型，以在基础模型层之后添加另一层，如下所示。

```
model = tf.keras.Sequential([
    base_model,
  tf.keras.layers.Conv2D(32, 3, activation='relu'),
  tf.keras.layers.Dropout(0.2),
  tf.keras.layers.GlobalAveragePooling2D(),
  tf.keras.layers.Dense(5, activation='softmax')
])
```

我们创建了一个扩展基本模型的 Sequential 模型，这实际上意味着数据在连续层之间单向传递，一次一层。我们还添加了一个使用 relu 激活函数的 2D 卷积层，然后是一个 Dropout 层，再然后是一个池化层。最后，输出层添加了 softmax 激活函数。

（15）该模型必须编译才能进行训练，如下所示。

```
model.compile(optimizer=tf.keras.optimizers.Adam(),
              loss='categorical_crossentropy',
              metrics=['accuracy'])
```

我们将损失设置为分类交叉熵（categorical cross-entropy），将模型评估指标设置为预测的准确率（accuracy）。因为我们已经发现，Softmax 以分类交叉熵作为损失函数表现最佳，所以做出如此选择。

（16）训练并保存模型。

现在要进入机器学习中最激动人心的步骤之一——训练。运行以下代码。

```
epochs = 10

history = model.fit(train_generator,
                    epochs=epochs,
                    validation_data=val_generator)
```

该模型训练了 10 个时期（epoch，也称为世代），这意味着每个样本至少被扔到神经网络 10 次。注意这个函数中 train_generator 和 val_generator 的使用。即使有 12 GB 以上的内存，并且张量处理单元（TPU）加速也可用（这对于任何个人的中端设备来说都是奢侈的），训练也需要相当长的时间。你可以在运行上述代码的单元格下方观察训练日志。

（17）保存模型，然后转换保存的模型文件，具体如下所示。

```
saved_model_dir = ''
tf.saved_model.save(model, saved_model_dir)
```

（18）转换模型文件并下载到 TensorFlow Lite。

现在可以使用以下代码转换保存的模型文件。这会将模型保存为 model.tflite 文件，如下所示。

```
converter =
tf.lite.TFLiteConverter.from_saved_model(saved_model_dir)
tflite_model = converter.convert()

with open('model.tflite', 'wb') as f:
  f.write(tflite_model)
```

（19）现在需要下载这个文件，以便将它嵌入到构建的 Flutter 应用程序中。这可以使用以下代码来实现。

```
from google.colab import files
files.download('model.tflite')
files.download('labels.txt')
```

可以看到，这里使用了 google.colab 库中的 files 模块。我们还下载了在步骤（11）中创建的 labels.txt 文件。

接下来，我们将创建 Flutter 应用程序以演示 Cloud Vision API 的用法以及嵌入的 TensorFlow Lite 模型的用法。

4.8　创建 Flutter 应用程序

在成功创建用于识别各种植物物种的 TensorFlow Lite 模型后，我们将创建一个 Flutter 应用程序，以用于在移动设备上运行 TensorFlow Lite 模型。

该应用程序将有两个屏幕。

第一个屏幕包含两个按钮，让用户在两个不同的模型（Cloud Vision API 和 TensorFlow Lite 模型）之间进行选择，它们都可用于对任何选定的图像进行预测。

第二个屏幕包含一个浮动操作按钮（floating action button，FAB），使用户能够从设备的图库中选择图像，有一个图像视图可以显示用户选择的图像，另外还有一个文本，它是使用所选模型显示的预测文本。

图 4-9 说明了该应用程序的流程。

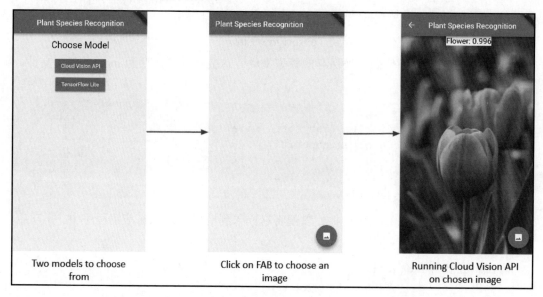

图 4-9

原　　文	译　　文
Two models to choose from	从两个模型中选择
Click on FAB to choose an image	单击浮动操作按钮以选择图像
Running Cloud Vision API on chosen image	在选定图像上运行 Cloud Vision API

接下来，我们将进入构建应用程序的具体步骤。

4.8.1　在两种不同的模型之间进行选择

让我们从创建该应用程序的第一个屏幕开始。第一个屏幕将包含两个不同的按钮，让用户在 Cloud Vision API 和 TensorFlow Lite 模型之间进行选择。

首先，我们将创建一个新的 choose_a_model.dart 文件，其中包含一个 ChooseModel 有状态小部件。该文件将包含用于创建应用程序第一个屏幕的代码，在该屏幕中包含一列，其中有一些文本和两个凸起按钮，如图 4-10 所示。

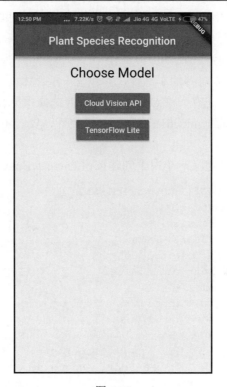

图 4-10

创建应用程序第一个屏幕的步骤如下。

（1）我们将定义一些全局字符串变量，这些变量将在稍后用于创建选择模型的按钮，在保存用户选择的模型时也会用到，如下所示。

```
var str_cloud = 'Cloud Vision API';
var str_tensor = 'TensorFlow Lite';
```

（2）现在定义一个方法来创建一个简单的 Text 小部件，如下所示。

```
Widget buildRowTitle(BuildContext context, String title) {
    return Center(
        child: Padding(
            padding: EdgeInsets.symmetric(horizontal: 8.0,
vertical: 16.0),
            child: Text(
                title,
                style: Theme.of(context).textTheme.headline,
            ),
```

```
        ),
    );
}
```

该方法返回一个与中心对齐的小部件，并包含一些文本，它的值是 title 字符串，是通过参数传递过来的，另外还有一个 Choose a Model（选择模型）的字符串，使用了 headline 主题。通过使用 EdgeInsets.symmetric() 的 padding 属性，我们还为该文本提供了一些水平和垂直填充。

（3）接下来，我们将定义一个用于创建按钮的 createButton() 方法，如下所示。

```
Widget createButton(String chosenModel) {
    return (RaisedButton(
        color: Colors.blue,
        textColor: Colors.white,
        splashColor: Colors.blueGrey,
        child: new Text(chosenModel),
            onPressed: () {
                var a = (chosenModel == str_cloud ? 0 : 1);
                    Navigator.push(
                        context,
                        new MaterialPageRoute(
                            builder: (context) =>
PlantSpeciesRecognition(a)
                        ),
                    );
            }
        )
    );
}
```

该方法返回一个 RaisedButton 方法，其颜色为 blue（蓝色），textColor 值为 white（白色），splashColor 值为 blueGrey（蓝灰色）。该按钮有一个使用 selectedModel 中传递的值构建的 Text 子项。

如果用户单击了 Cloud Vision API 按钮，则 selectedModel 的值为 Cloud Vision API，如果单击了 TensorFlow Lite 按钮，则值为 TensorFlow Lite。

当按钮被按下时，首先检查 selectedModel 中的值。如果与 str_cloud 相同——Cloud Vision API——则赋给变量 a 的值为 0；否则，赋给变量 a 的值为 1。该值将会被传递，并使用 Navigator.push() 传递到 PlantSpeciesRecognition，下文会对其进行讨论。

（4）最后，我们将创建第一个屏幕的 appBar 和 body 并从 build() 方法返回 Scaffold，如下所示。

```
@override
Widget build(BuildContext context) {
    return Scaffold(
        appBar: AppBar(
            centerTitle: true,
            title: Text('Plant Species Recognition'),
            ),
        body: SingleChildScrollView(
            child: Column(
                mainAxisAlignment: MainAxisAlignment.center,
                children: <Widget>[
                    buildRowTitle(context, 'Choose Model'),
                    createButton(str_cloud),
                    createButton(str_tensor),
                ],
            )
        )
    );
}
```

appBar 包含位于中心的 Plant Species Recognition（植物物种识别）标题。Scaffold 的主体是一个列，其中包含一些文本和两个带有 str_cloud 和 str_tensor 值的按钮。该列被设置为居中对齐。

4.8.2　创建第二个屏幕

当用户选择一个模型时，应用程序会迁移到第二个屏幕，让用户从移动设备的本地存储中选择一幅图像并在其上运行所选模型以进行预测。

我们将首先创建一个新文件 plant_species_recognition.dart，其中包含一个 PlantSpeciesRecognition 有状态小部件。

4.8.3　创建用户界面

本步骤将首先创建一个新文件 PlantSpeciesRecognition.dart，其中包含一个名为 PlantSpeciesRecognition 的有状态小部件，我们将覆盖其 build()方法以放置应用程序的用户界面（UI）组件。

让我们创建一个带有 FAB 和 AppBar 的 Scaffold，应用程序标题是从 build()方法返回的。FAB 将允许用户从移动设备的图库中选择一幅图像来预测图像中包含的植物种类，如下所示。

```
return Scaffold(
    appBar: AppBar(
        title: const Text('Plant Species Recognition'),
    ),
    floatingActionButton: FloatingActionButton(
        onPressed: chooseImageGallery,
        tooltip: 'Pick Image',
        child: Icon(Icons.image),
    ),
);
```

在上面的代码片段中，AppBar 包含了 Plant Species Recognition（植物物种识别）文本，这将在位于屏幕顶部的应用程序栏上显示应用程序的标题。

🛈 注意：

在 Flutter 中，const 关键字有助于冻结对象的状态。被描述为 const 的对象的完整状态是在应用程序本身的编译期间确定的，并且保持不变。

此外，当与 Text()等构造函数一起使用时，该关键字对于小内存优化很有用。在代码中添加第二个 Text()构造函数会重用为第一个 Text()构造函数分配的内存，从而重用内存空间并使应用程序更快。

接下来，我们通过指定 FloatingActionButton 类并传入所需的参数来添加 floatingActionButton 属性。

🛈 注意：

FloatingActionButtons 是悬停在屏幕内容上层的圆形按钮。一般来说，一个屏幕应包含一个位于右下角且不受内容滚动影响的浮动操作按钮（FAB）。

可以看到，onPressed 被添加给 chooseImageGallery，这样，当按钮被按下时将调用它以从图库中选择图像。

接下来，我们添加了 tooltip 属性，其 String 值为 Pick Image（选择图像），用于提示单击该按钮时所执行的操作。

最后，我们添加了 Icon(Icons.image)作为 child，以便将素材图标的图像放置在浮动操作按钮的顶部。

4.8.4　添加功能

现在，让我们添加允许用户从移动设备的图库中选择图像的功能。我们将使用
image_picker 插件来做到这一点，整个代码将放在 chooseImageGallery 方法中。

具体操作步骤如下。

（1）将依赖项添加到 pubspec.yaml 文件中，指定名称和版本号，如下所示。

```
dev_dependencies:
flutter_test:
sdk: flutter
image_picker: ^0.6.0
```

🛈 注意：

有关 pub 依赖项的详细讨论，请参阅第 2 章 "移动视觉——使用设备内置模型执行
人脸检测"，确保运行 Flutter 包以在项目中包含依赖项。要阅读有关 image_picker 插
件的更多信息，请访问以下网址。

https://github.com/flutter/plugins/tree/master/packages/image_picker

（2）在 PlantSpeciesRecognition.dart 中导入库，如下所示。

```
import 'package:image_picker/image_picker.dart';
```

（3）在 Plant_species_recognition.dart 里面声明如下两个全局变量。

❑　File_image：存储从图库中选择的图像文件。

❑　bool_busy（初始值为 false）：用于平滑处理用户界面操作的标志变量。

（4）现在可以定义当 FloatingActionButton 按钮被按下时会调用的 chooseImageGallery()
方法，如下所示。

```
Future chooseImageGallery() async {
    var image = await ImagePicker.pickImage(source: ImageSource.gallery);
    if (image == null) return;
    setState(() {
        _busy = true;
    });
}
```

在这里，我们使用了 ImagePicker.pickImage()方法从图库中获取图像（将 ImageSource.
gallery 作为源）。我们将返回值存储在变量 image 中。如果调用返回的值为 null，则返回

调用，因为不能对 null 值执行进一步的操作。否则，将_busy 的值更改为 true，以指示要对图像执行的进一步操作。

ℹ 注意：

setState()执行一个同步回调，用于通知框架，对象的内部状态已经改变。此更改可能会实际影响应用程序的用户界面，因此，该框架将需要安排构建 State 对象。进一步讨论请参考以下链接。

https://api.flutter.dev/flutter/widgets/State/setState.html

此时，应用程序编译成功，按下浮动操作按钮将启动图库以从中选择图像。但是，选择的图像没有显示在屏幕上，所以接下来我们将处理这个问题。

4.8.5　在屏幕上显示所选图像

现在让我们添加一个小部件以显示在上一节中选择的图像，具体操作步骤如下。

（1）我们将使用一个小部件列表，使得从图库中选择的图像和预测结果相互堆叠或重叠显示在屏幕上。因此，我们将首先声明一个空的小部件列表，其中包含层叠布局（Stack）的所有子项。此外，我们还将声明一个 size 实例来查询窗口的大小（该窗口包含使用 MediaQuery 类的应用程序），如下所示。

```
List<Widget> stackChildren = [];
Size size = MediaQuery.of(context).size;
```

（2）现在图像被添加为层叠布局的第一个子元素，如下所示。

```
stackChildren.add(Positioned(
    top: 0.0,
    left: 0.0,
    width: size.width,
    child: _image == null ?Text('No Image Selected') : Image.file(_image),
));
```

Positioned 类用于控制层叠布局子项的位置；在这里，可以指定 top、left 和 width 属性的值。top 和 left 值分别指定子项的顶部和左侧边缘与层叠布局顶部和左侧边缘的距离，此处为 0，即与设备屏幕的左上角对齐。width 值指定的是子元素的宽度，在本示例中是包含应用程序的窗口的宽度，这意味着图像将占据整个宽度。

（3）接下来添加 child，如果_image 的值为 null，那么它将是一个文本，表示未选择任何图像；否则，它将包含用户选择的图像。

为了在屏幕上显示该层叠布局，可以添加 stackChildren 列表作为 build()方法返回的
Scaffold 的主体，代码如下所示。

```
return Scaffold(
    appBar: AppBar(
        title: const Text('Plant Species Recognition'),
    ),
    // 添加 stackChildren
    body: Stack(
        children: stackChildren,
    ),
    floatingActionButton: FloatingActionButton(
        onPressed: chooseImageGallery,
        tooltip: 'Pick Image',
        child: Icon(Icons.image),
    ),
);
```

在上面的代码中，stackChildren 被传递到 Stack()中，以创建包含在列表中的所有小
部件的覆盖结构。

（4）此时编译代码将产生如图 4-11 所示的效果。

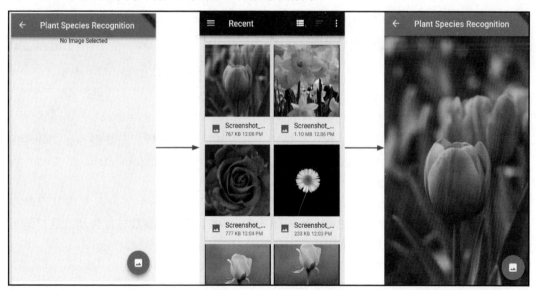

图 4-11

可以看到，点击浮动操作按钮时将启动图库，并在屏幕上显示所选图像。

接下来，我们将在设备上加载 TensorFlow Lite 模型，并向 Cloud Vision API 发出 HTTP 请求，以获得对所选图像的识别结果。

4.9　运行图像识别程序

现在，从图库中选择的图像可以用 Cloud Vision API 和 TensorFlow Lite 这两种模型进行预测。接下来，我们需要定义运行它们的方法。

4.9.1　使用 Cloud Vision API

本节将定义一个 visionAPICall 方法，用于向 CloudVision API 发出 http Post 请求，传入编码为 JSON 格式的请求字符串，它将返回一个 JSON 格式的响应，该响应可被解析以获取所需的标签值。

具体操作步骤如下。

（1）在 pubspec.yaml 文件中定义一个 http 插件依赖项，示例如下。

```
http: ^0.12.0+2
```

（2）在 PlantSpeciesRecognition.dart 中导入插件以辅助进行 http 请求，示例如下。

```
import 'package:http/http.dart' as http;
```

（3）现在可以定义创建请求 URL 并发出 http POST 请求的方法，如下所示。

```
List<int> imageBytes = _image.readAsBytesSync();
String base64Image = base64Encode(imageBytes);
```

为了能够将图像文件与 http POST 请求一起发送以进行分析，需要将 png 文件转换为 Base64 格式，即转换为仅包含美国信息交换标准代码（American Standard Code for Information Exchange，ASCII）值的字符串。

首先，我们使用 readAsByteSync()将_image 的内容读取为字节列表并将其存储在 imageBytes 中。然后，将 imageBytes 列表作为 base64Encode 的参数进行传递，这样即可以 Base64 格式对该列表进行编码。

（4）创建请求字符串，格式如下。

```
var request_str = {
    "requests":[
      {
```

```
        "image":{
            "content": "$base64Image"
        },
        "features":[
            {
                "type":"LABEL_DETECTION",
                "maxResults":1
            }
        ]
    }
    ]
};
```

虽然整个字符串将被硬编码，但内容键的值将根据用户选择的图像及其 base64 编码格式而有所不同。

（5）将需要调用的 URL 存放在 url 变量中，示例如下。

```
var url =
'https://vision.googleapis.com/v1/images:annotate?key=API_KEY;
```

请务必将 API_KEY 替换为用户自己生成的密钥。

（6）使用 http.post() 方法发出 http POST 请求，传入 url 和响应字符串，代码如下所示。

```
var response = await http.post(url, body:
json.encode(request_str));
print('Response status: ${response.statusCode}');
print('Response body: ${response.body}');
```

上述代码使用了 response.statusCode 检查状态代码，如果请求成功，则其值应为 200。

（7）由于来自服务器的响应是 JSON 格式，因此可使用 json.decode() 对其进行解码，并进一步解析以将所需值存储在 str 变量中，代码如下所示。

```
var responseJson = json.decode(response.body);
str =
'${responseJson["responses"][0]["labelAnnotations"][0]["description"]}:
${responseJson["responses"][0]["labelAnnotations"][0]["score"].
toStringAsFixed(3)}';
```

（8）整个 visionAPICall() 方法的代码如下。

```
Future visionAPICall() async {
List<int> imageBytes = _image.readAsBytesSync();
print(imageBytes);
String base64Image = base64Encode(imageBytes);
```

```
var request_str = {
    "requests":[
        {
            "image":{
                "content": "$base64Image"
            },
            "features":[
                {
                    "type":"LABEL_DETECTION",
                    "maxResults":1
                }
            ]
        }
    ]
};
var url =
'https://vision.googleapis.com/v1/images:annotate?key=
AIzaSyDJFPQO3 N3h78CLOFTBdkPIN3aE9_ZYHy0';

var response = await http.post(url, body:
json.encode(request_str));
print('Response status: ${response.statusCode}');
print('Response body: ${response.body}');

var responseJson = json.decode(response.body);
str =
'${responseJson["responses"][0]["labelAnnotations"][0]["description"]}:
${responseJson["responses"][0]["labelAnnotations"][0]
["score"].toStringAsFixed(3)}';
}
```

接下来，我们将介绍在设备上使用 TensorFlow Lite 模型的步骤。

4.9.2　使用设备内置的 TensorFlow Lite 模型

现在让我们为用户的第二个选择添加功能，即使用 TensorFlow Lite 模型分析所选图像。在这里，我们将使用之前创建的 TensorFlow Lite 模型。以下步骤详细讨论了如何使用设备内置的 TensorFlow Lite 模型。

（1）在 pubspec.yaml 文件中添加 tflite 依赖项，如下所示。

```
dev_dependencies:
flutter_test:
```

```
   sdk: flutter
image_picker: ^0.6.0
// 添加 tflite 依赖项
tflite: ^0.0.5
```

（2）可以在 Android 中配置 aaptOptions，将以下代码行添加到 android/app/build.gradle 文件的 android 块中。

```
aaptOptions {
   noCompress 'tflite'
   noCompress 'lite'
}
```

上述代码片段确保 tflite 文件不会以压缩形式存储在 Android Package Kit（APK）中。

（3）我们需要把已经保存的 model.tflite 和 labels.txt 文件放在 assets 文件夹中，如图 4-12 所示。

图 4-12

（4）在 pubspec.yaml 文件中指定文件的路径，如下所示。

```
flutter:
uses-material-design: true
// 指定相关文件的路径
assets:
   - assets/model.tflite
   - assets/labels.txt
```

（5）现在可以在移动设备上加载和运行第一个 TensorFlow Lite 模型。首先将 tflite.dart 文件导入 PlantSpeciesRecognition.dart，如下所示。

```
import 'package:tflite/tflite.dart';
```

（6）为了执行所有相关任务，可定义 analyzeTFLite()方法。在这里，我们从加载模型开始，将 model.tflite 文件和 labels.txt 文件作为输入传递到 Tflite.loadModel()中的 model 和 labels 参数。

如果模型加载成功，则将结果输出存储在 res 字符串变量中，该变量将包含 success 值，如下所示。

```
String res = await Tflite.loadModel(
    model: "assets/model.tflite",
    labels: "assets/labels.txt",
    numThreads: 1 // 默认为1
);
print('Model Loaded: $res');
```

（7）现在使用 Tflite.runModelOnImage()方法在图像上运行模型，并传递所选图像在设备内的存储路径。将结果存储在 recognitions 变量中，如下所示。

```
var recognitions = await Tflite.runModelOnImage(
    path: _image.path
);
setState(() {
    _recognitions = recognitions;
});
```

（8）一旦模型在图像上成功运行并且结果已存储在 recognitions 局部变量中，则可以创建一个_recognitions 全局列表并将其状态设置为 recognitions 中存储的值，以便可以使用结果正确更新用户界面。

整个 analyzerTfLite()方法如下所示。

```
Future analyzeTFLite() async {
    String res = await Tflite.loadModel(
        model: "assets/model.tflite",
        labels: "assets/labels.txt",
        numThreads: 1 // 默认为1
    );
    print('Model Loaded: $res');
    var recognitions = await Tflite.runModelOnImage(
        path: _image.path
    );
    setState(() {
        _recognitions = recognitions;
    });
    print('Recognition Result: $_recognitions');
}
```

上面定义的两个方法 visionAPICall()和 analyzeTFLite()都是从 chooseImageGallery()中调用的，在成功选择并存储图像之后（取决于用户单击的按钮），将由传入的值决定 PlantSpeciesRecognition 构造函数：Cloud Vision API 为 0，TensorFlow Lite 为 1。

修改后的 chooseImagGallery()方法如下所示。

```
Future chooseImageGallery() async {
    var image = await ImagePicker.pickImage(source: ImageSource.gallery);
    if (image == null) return;
    setState(() {
        _busy = true;
        _image = image;
    });

    // 决定选择哪一种方法进行图像分析
    if(widget.modelType == 0)
        await visionAPICall();
    else if(widget.modelType == 1)
        await analyzeTFLite();
    setState(() {
        _image = image;
        _busy = false;
    });
}
```

在 ImagePicker.pickImage 方法调用之前使用了 await 关键字，以确保所有操作都是异步进行的。在这里，我们还将_image 的值设置为 image，并将_busy 的值设置为 false，以指示所有处理已完成，现在可以更新用户界面。

4.9.3　使用结果更新用户界面

在第 4.8.3 节 "创建用户界面" 中，通过向 stackChildren 添加一个额外的子项来更新用户界面，以显示用户选择的图像。现在可以将另一个子项添加到层叠布局中以显示图像分析的结果，具体操作如下。

（1）添加 Cloud Vision API 的结果，如下所示。

```
stackChildren.add( Center (
    child: Column(
        children: <Widget>[
            str != null?
            new Text(str,
                style: TextStyle(
                    color: Colors.black,
                    fontSize: 20.0,
                    background: Paint()
                        ..color = Colors.white,
                )
```

```
        ): new Text('No Results')
    ],
  )
)
);
```

如前文所述，请求的 JSON 响应已经被解析、格式化并存储在 str 变量中。在这里，我们使用 str 的值创建了具有指定颜色和背景的 Text。然后，将此 Text 作为子项添加到列中，并让 Text 居中对齐以显示在屏幕中央。最后，将整个格式包装在 stackChildren.add() 周围，以将其添加到堆叠的用户界面元素中。

（2）添加 TensorFlow Lite 的结果，如下所示。

```
stackChildren.add(Center(
child: Column(
  children: _recognitions != null
        ? _recognitions.map((res) {
    return Text(
        "${res["label"]}: ${res["confidence"].toStringAsFixed(3)}",
        style: TextStyle(
            color: Colors.black,
            fontSize: 20.0,
            background: Paint()
                ..color = Colors.white,
            ),
        );
    }).toList() : [],
  ),
));
```

存储在_recognitions 列表中的 TensorFlow Lite 模型的结果是逐个元素迭代的，并映射到使用.map()指定的列表。列表中的每个元素都进一步转换为 Text，并作为列的子元素添加，同时与屏幕中心对齐。

另外请注意，需要将 Cloud Vision API 或 TensorFlow Lite 模型的输出添加到层叠布局中。为了确保这一点，我们将上述代码包装在一个 if-else 块中，如果传入构造函数的值（即 modelChosen）为 0，则添加 Cloud Vision API 模型的输出结果，如果值为 1，则添加 TensorFlow Lite 模型的输出结果。

（3）在各种图像集上运行 Cloud Vision API 将提供不同的输出结果。图 4-13 显示了一些示例。

当同一组图像使用 TensorFlow Lite 模型进行分析时，识别结果会有所不同。图 4-14

显示了一些示例。

图 4-13

图 4-14

在图 4-14 中可以看到，加载到图库中的花卉种类图像被正确识别。

4.10　小　　结

本章详细介绍了如何使用流行的基于深度学习的 API 服务进行图像分析处理。我们还讨论了如何通过扩展先前创建的基础模型来进行于自定义训练模型。

基础模型的扩展其实是迁移学习（transfer learning，TL）过程的一部分，它可以将在特定数据集上训练的模型导入并用于完全不同的场景，而且只需要进行很小的调整。

本章还介绍了 TensorFlow Lite，它是构建在移动设备上运行的模型的理想选择，配合使用 Flutter，可将其应用于离线运行且速度非常快的设备内置模型。

本章设置了一个重要标准，将 Python 和 TensorFlow 引入到项目中，这两者将在后续章节中被广泛使用。

第 5 章将介绍一个非常令人兴奋的计算机科学领域——增强现实，同时将讨论深度学习在现实世界中的应用。

第 5 章　为摄像头画面生成实时字幕

作为人类，我们每天都会在不同的场景中看到周围的上百万个物体。对于人类来说，描述一个场景通常是一项很简单的任务，不需要花很多时间思考就可以做到。但是，对于机器来说，要理解图像或视频等视觉媒体呈现给它的元素和场景则是一项艰巨的任务。然而，对于人工智能（artificial intelligence，AI）的多种应用而言，具有在计算机系统中理解此类图像的能力是很有用的。例如，如果能够设计出可将周围环境实时转化为音频的机器，那么这将对视障人士有很大帮助。此外，研究人员一直在努力为图像和视频实时生成字幕，以提高网站和应用程序中呈现的内容的可访问性。

本章介绍了一种为摄像头画面实时生成自然语言字幕的方法。在此项目中，将创建一个摄像头应用程序，该应用程序使用存储在移动设备上的自定义预训练模型。该模型使用深度卷积神经网络（convolutional neural network，CNN）和长短期记忆（long short-term memory，LSTM）来生成字幕。

本章涵盖以下主题。

❑　设计项目架构。

❑　理解图像字幕生成器。

❑　理解摄像头插件。

❑　创建摄像头应用程序。

❑　从摄像头生成图像字幕。

❑　创建最终应用程序。

让我们首先讨论一下在这个项目中要遵循的架构。

5.1　设计项目架构

在本项目中，我们将构建一个移动应用程序，当指向任何场景时，它都能够创建描述该场景的字幕。这样的应用程序对有视觉障碍的人非常有益，因为它既可以用作网络上的辅助技术，也可以与语音接口（如 Alexa 或 Google Home）配对，用作日常使用的应用程序。该应用程序将调用一个托管 API，该 API 将为传递给它的任何给定图像生成字幕（标题）。API 将会为图像返回 3 个可能的最佳字幕，然后应用程序将它们显示在摄像头视图的正下方。

从鸟瞰的角度来看，该项目架构可以通过图 5-1 来说明。

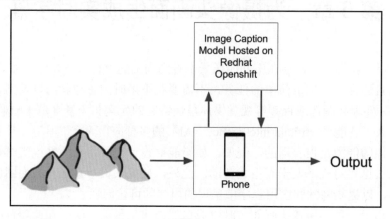

图 5-1

原　　　　文	译　　　　文
Image Caption Model Hosted on Redhat Openshift	托管在 Redhat Openshift 上的图像字幕模型
Phone	手机
Output	输出

本项目中的输入是在智能手机中获得的摄像头画面（camera feed），它被发送到作为 Web API 托管的图像字幕生成模型（image caption generation model）。该模型作为 Docker 容器托管在 Red Hat OpenShift 上。图像字幕生成模型可返回图像的字幕（标题），然后将其显示给用户。

在理解了如何构建本项目中的应用程序之后，我们来讨论一下图像字幕生成的问题，以及如何解决这些问题。

5.2　理解图像字幕生成器

计算机科学中一个非常流行的领域是图像处理领域，它需要解决的问题是可以操作图像，并且可以从中提取信息。另一个流行的领域是自然语言处理（natural language processing，NLP），它要解决的问题是制造能够准确理解有意义的自然语言的机器，并且让机器生成自然语言，使人分不清和他们对话的究竟是其他人还是计算机。

图像字幕生成器涉及上述两个主题，它首先要提取图像中对象的信息，然后生成描述对象的字幕。

　　字幕（标题）的生成方式是：字幕应成为有意义的单词字符串，并以自然语言句子的形式表示。

　　下面来看图 5-2 中的示例。

图 5-2

　　在图 5-2 中，机器可以检测到的物体有勺子、玻璃杯、咖啡和桌子。

　　但是，我们对以下问题有答案吗？

　　（1）杯子里的东西是咖啡还是勺子，抑或是空的？

　　（2）桌子是在玻璃杯上面还是下面？

　　（3）勺子是在桌子上面还是下面？

　　要回答上面的问题，可使用以下语句。

　　（1）杯子里面有咖啡。

　　（2）玻璃杯放在桌子上。

　　（3）勺子放在桌子上。

　　因此，如果我们试图围绕它创建一个字幕，而不是简单地识别图像中的项目，则需要在可见项目之间建立一些位置和特征关系，这将帮助我们为图像找到一个很好的字幕（标题），如下所示。

　　桌子上的一杯咖啡，旁边放着一把勺子。

　　在图像字幕生成算法中，我们要做的就是尝试从图像创建这样的字幕。

　　但是，单个字幕可能并不总是足以描述场景，我们可能必须在两个同样可能的字幕之间进行选择，如图 5-3 所示。

图 5-3

图片来源：Unsplash 图库，作者：Allef Vinicius

如何描述图 5-3 中的图像？

你可以想出以下任何一个字幕。

（1）蓝天白云下的两棵树。

（2）一把椅子和一把吉他放在地上。

这提出了一个问题，对于不同的用户来说，他们在图像中的关注点是不一样的。尽管最近有一些设计用于处理这种情况，例如 Attention Mechanism（注意力机制）方法，但本章将不会深入讨论这些方法。

🛈 注意：

访问以下网址可查看由 Microsoft 在 CaptionBot 上创建的非常酷的图像字幕系统演示。

https://captionbot.ai

接下来，我们将定义用于创建图像字幕模型的数据集。

5.2.1　了解数据集

毫无疑问，我们需要大量的通用图像，以及为它们列出的可能字幕。如前文所述，对于单幅图像可以有多个字幕，而且其中任何一个都不是错误（仅仅是观察者的关注点不一样）。因此，在本项目中，我们将使用 Flickr8k 图像标注数据集。除此之外，我们还将需要由 Jeffrey Pennington、Richard Socher 和 Christopher D. Manning 创建的 GloVE 嵌入。简而言之，GloVE 告诉我们哪些词可能跟在任何给定的词之后，以帮助我们从一组不相交的词中形成有意义的句子。

🛈 **注意：**

有关 GloVE 嵌入的详细信息，可访问以下网址。

https://nlp.stanford.edu/projects/glove/

Flickr8k 数据集包含 8000 个图像样本，每幅图像有 5 个可能的字幕。还有其他数据集可用于该任务，例如 Flickr30k 数据集，它包含 30000 个样本，或 Microsoft COCO 数据集，它包含 180000 幅图像。

虽然预计使用更大的数据库会产生更好的结果，但为了能够在普通机器上训练模型，本示例将不会使用 Flickr30k 和 Microsoft COCO 数据集。当然，如果你可以使用更高级的计算能力，则完全可以尝试围绕更大的数据集构建模型。

🛈 **注意：**

可以使用伊利诺伊大学厄巴纳-香槟分校（University of Illinois at Urbana-Champaign，UIUC）提供的表格来下载 Flickr8k 数据集，其网址如下。

https://forms.illinois.edu/sec/1713398

下载该数据集后，你将看到以下文件夹结构。

```
Flickr8k/
    - dataset
        - images
            - 8091 images
    - text
        - Flickr8k.token.txt
        - Flickr8k.lemma.txt
        - Flickr_8k.trainImages.txt
        - Flickr_8k.devImages.txt
        - Flickr_8k.testImages.txt
        - ExpertAnnotations.txt
        - CrowdFlowerAnnotations.txt
```

在可用的文本文件中，我们感兴趣的是 Flickr8k.token.txt，它包含 dataset 目录下 images

文件夹中每幅图像的原始字幕。

字幕按以下格式显示。

```
1007129816_e794419615.jpg#0 A man in an orange hat staring at something .
1007129816_e794419615.jpg#1 A man wears an orange hat and glasses .
1007129816_e794419615.jpg#2 A man with gauges and glasses is wearing a
Blitz hat .
1007129816_e794419615.jpg#3 A man with glasses is wearing a beer can
crocheted hat .
1007129816_e794419615.jpg#4 The man with pierced ears is wearing glasses
and an orange hat .
```

可以看到，上述样本中的每一行都包含以下部分。

```
Image_Filename#Caption_Number Caption
```

因此，通过遍历 dataset/images 文件夹中存在的图像文件中的每一行，可以将字幕映射到每幅图像。

接下来，我们将处理图像字幕生成器代码。

5.2.2 构建图像字幕生成模型

图像字幕生成器代码可分为以下 4 个部分。

（1）初始化字幕数据集。

（2）准备字幕数据集。

（3）训练。

（4）测试。

让我们从项目初始化开始。

5.2.3 初始化字幕数据集

本步骤将导入项目所需的模块并将数据集加载到内存中。

现在先从导入所需的模块开始。

（1）导入必要的库，如下所示。

```
import numpy as np
import pandas as pd


import nltk
from nltk.corpus import stopwords
```

```
import re
import string
import pickle

import matplotlib.pyplot as plt

%matplotlib inline
```

你可以看到将在此项目中使用许多模块和子模块。它们在模型操作的某个时刻都很重要。下一步，我们将导入更多与构建模型相关的模块。

（2）导入 Keras 和子模块，如下所示。

```
import keras
from keras.layers.merge import add
from keras.preprocessing import image
from keras.utils import to_categorical
from keras.models import Model, load_model
from keras.applications.vgg16 import VGG16
from keras.preprocessing.sequence import pad_sequences
from keras.layers import Input, Dense, Dropout, Embedding, LSTM
from keras.applications.resnet50 import ResNet50, preprocess_input,
decode_predictions
```

我们导入了 Keras 模块以及其他几个子模块和方法，以帮助快速构建深度学习模型。Keras 是最流行的深度学习库之一，除了 TensorFlow，它还可以与其他几个框架一起使用，如 Theano 和 PyTorch。

（3）加载字幕。在这一步中，我们将把 Flickr8k.token.txt 文件中的所有字幕加载到一个单独的 captions 列表中，如下所示。

```
caption_file = "./data/Flickr8k/text/Flickr8k.token.txt"

captions = []

with open(caption_file) as f:
    captions = f.readlines()

captions = [x.strip() for x in captions]
```

一旦从文件中加载了所有字幕，便可以看到它们包含了什么，如下所示。

```
captions[:5]
```

现在可以看到该数据集中的前 5 行。

```
['1000268201_693b08cb0e.jpg#0\tA child in a pink dress is climbing
up a set of stairs in an entry way .',
'1000268201_693b08cb0e.jpg#1\tA girl going into a wooden building .',
'1000268201_693b08cb0e.jpg#2\tA little girl climbing into a wooden
playhouse .',
'1000268201_693b08cb0e.jpg#3\tA little girl climbing the stairs to
her playhouse .',
'1000268201_693b08cb0e.jpg#4\tA little girl in a pink dress going
into a wooden cabin .']
```

现在我们已经看到了每一行的写入模式，因此可以继续拆分每一行，这样就可以将数据放入一个数据结构中，从而使它能更快地访问和更新。

5.2.4　准备字幕数据集

现在我们将处理已加载的字幕数据集，并将其转换为适合进行训练的形式。

（1）分割图像描述，并将其以字典格式存储，以方便将来在代码中的使用，示例如下。

```
descriptions = {}

for x in captions:
    imgid, cap = x.split('\t')
    imgid = imgid.split('.')[0]
    if imgid not in descriptions.keys():
        descriptions[imgid] = []
    descriptions[imgid].append(cap)
```

在上面的代码行中将文件中的每一行分解为两部分，即每个图像的图像 ID 和字幕（标题）。我们用它创建了一个字典，其中的图像 ID 是字典键，每个键值对（key-value pair）包含 5 个字幕的列表。

（2）接下来，我们从基本的字符串预处理开始，以便继续在字幕上应用自然语言技术，如下所示。

```
for key, caps in descriptions.items():
    for i in range(len(caps)):
        caps[i] = caps[i].lower()
        caps[i] = re.sub("[^a-z]+", " ", caps[i])
```

（3）此外，为了帮助在未来分配恰当大小的内存空间并准备词汇表，可创建一个字幕文本中所有单词的列表，如下所示。

```
allwords = []

for key in descriptions.keys():
    _ = [allwords.append(i) for cap in descriptions[key] for i in
cap.split()]
```

（4）一旦创建了所有单词的列表，就可以创建单词的频率计数。为此，可使用 collections 模块的 Counter 方法。有些词在数据集中很少出现。删除这些词是个好主意，因为它们不太可能频繁出现在用户提供的输入中，因此不会为字幕生成算法增加太多的价值。

可使用以下代码执行此操作。

```
from collections import Counter

freq = dict(Counter(allwords))
freq = sorted(freq.items(), reverse=True, key=lambda x:x[1])

threshold = 15
freq = [x for x in freq if x[1]>threshold]

print(len(freq))

allwords = [x[0] for x in freq]
```

现在可通过运行以下代码来查看最常用的单词。

```
freq[:10]
```

其输出如下。

```
[('a', 62995),
 ('in', 18987),
 ('the', 18420),
 ('on', 10746),
 ('is', 9345),
 ('and', 8863),
 ('dog', 8138),
 ('with', 7765),
 ('man', 7275),
 ('of', 6723)]
```

现在可以得出结论，停用词（stop word）占字幕文本的很大一部分。但是，由于在生成句子时需要它们，因此不能删除。

5.2.5 训练

接下来，我们将加载训练和测试图像数据集并对其进行训练。

（1）将分离的训练和测试文件加载到数据集中。它们包含图像文件名列表，它实际上是带有文件扩展名的图像 ID，示例代码如下。

```
train_file = "./data/Flickr8k/text/Flickr_8k.trainImages.txt"
test_file = "./data/Flickr8k/text/Flickr_8k.testImages.txt"
```

现在，我们将处理训练图像列表文件以提取图像 ID，并省略文件扩展名，因为它在所有情况下都相同，示例代码如下。

```
with open(train_file) as f:
    cap_train = f.readlines()

cap_train = [x.strip() for x in cap_train]
```

对测试图像列表执行相同的操作，如下所示。

```
with open(test_file) as f:
    cap_test = f.readlines()

cap_test = [x.strip() for x in cap_test]

train = [row.split(".")[0] for row in cap_train]
test = [row.split(".")[0] for row in cap_test]
```

（2）现在可以创建一个字符串，合并每幅图像的所有 5 个可能的字幕，并将它们存储在 train_desc 字典中。我们使用#START#和#STOP#来区分字幕，以便将来使用它们生成字幕，示例代码如下。

```
train_desc = {}
max_caption_len = -1

for imgid in train:
    train_desc[imgid] = []
    for caption in descriptions[imgid]:
        train_desc[imgid].append("#START# " + caption + " #STOP#")
        max_caption_len = max(max_caption_len, len(caption.split())+1)
```

（3）我们将使用来自 Keras 模型存储库的 ResNet50 预训练模型。

将输入形状设置为 224×224×3，其中 224×244 是每幅图像的维度，因为它将被传递给模型，而 3 是颜色通道的数量。请注意，Flickr8k 与修改后的美国国家标准与技术研究院（Modified National Institute of Standards and Technology，MNIST）数据集不同，MNIST 数据集中每幅图像的维度都相等，而 Flickr8k 数据集则并非如此。

示例代码如下。

```
model = ResNet50(weights="imagenet", input_shape=(224,224,3))
model.summary()
```

从缓存下载或加载模型后，将显示每个层的模型摘要。当然，我们可以根据需要重新训练模型，因此将删除并重新创建模型的最后两个层。

为此，我们将使用与已加载模型相同的输入创建一个新模型，其输出等效于倒数第二层的输出，示例代码如下。

```
model_new = Model(model.input, model.layers[-2].output)
```

（4）我们需要用一个函数来重复预处理图像，预测图像中包含的特征，并通过图像中已经识别的对象或属性形成特征向量。因此，我们可创建一个 encode_image 函数，它接受图像作为输入参数，并通过 ResNet50 再训练模型运行它，以返回图像的特征向量表示，具体代码如下所示。

```
def encode_img(img):
    img = image.load_img(img, target_size=(224,224))
    img = image.img_to_array(img)
    img = np.expand_dims(img, axis=0)
    img = preprocess_input(img)
    feature_vector = model_new.predict(img)
    feature_vector = feature_vector.reshape((-1,))
    return feature_vector
```

（5）将数据集中的所有图像编码为特征向量。为此，首先需要将数据集中的所有图像一一加载到内存中，并对它们应用 encode_img 函数。首先，设置 images 文件夹的路径，示例代码如下。

```
img_data = "./data/Flickr8k/dataset/images/"
```

完成之后，即可使用之前创建的训练图像列表遍历文件夹中的所有图像，然后对每幅图像应用 encode_img 函数，再将特征向量存储到一个以图像 ID 为键的字典中，如下所示。

```
train_encoded = {}

for ix, imgid in enumerate(train):
    img_path = img_data + "/" + imgid + ".jpg"
    train_encoded[imgid] = encode_img(img_path)
    if ix%100 == 0:
        print(".", end="")
```

类似地，可使用以下代码对测试数据集中的所有图像进行编码。

```
test_encoded = {}

for i, imgid in enumerate(test):
    img_path = img_data + "/" + imgid + ".jpg"
    test_encoded[imgid] = encode_img(img_path)
    if i%100 == 0:
        print(".", end="")
```

（6）在接下来的几个步骤中，需要将已加载的 GloVe 嵌入与项目中的单词列表相匹配。为此必须找到任何给定单词的索引，或在任何给定索引处找到该单词。

为方便起见，可以通过在字幕数据集中找到的所有单词创建两个字典，将它们映射到索引，或从索引映射到它们，示例代码如下。

```
word_index_map = {}
index_word_map = {}

for i,word in enumerate(allwords):
    word_index_map[word] = i+1
    index_word_map[i+1] = word
```

还可以在这两个字典中使用"#START#"和"#STOP#"单词创建两个额外的键值对，具体代码如下所示。

```
index_word_map[len(index_word_map)] = "#START#"
word_index_map["#START#"] = len(index_word_map)

index_word_map[len(index_word_map)] = "#STOP#"
word_index_map["#STOP#"] = len(index_word_map)
```

（7）将 GloVe 嵌入加载到项目中，如下所示。

```
f = open("./data/glove/glove.6B.50d.txt", encoding='utf8')
```

在找到 open 后，即可将嵌入读取到字典中，其中每个单词都是键，如下所示。

```
embeddings = {}

for line in f:
    words = line.split()
    word_embeddings = np.array(words[1:], dtype='float')
    embeddings[words[0]] = word_embeddings
```

一旦完成了 embeddings 文件的读取，即可关闭它以更好地管理内存，如下所示。

```
f.close()
```

（8）在从数据集中找到的字幕中的所有单词和 GloVe 嵌入之间创建嵌入矩阵，示例代码如下。

```
embedding_matrix = np.zeros((len(word_index_map) + 1, 50))
for word, index in word_index_map.items():
    embedding_vector = embeddings.get(word)

    if embedding_vector is not None:
        embedding_matrix[index] = embedding_vector
```

可以看到，上述代码将存储的最大嵌入数设置为 50，这对于生成长而有意义的字符串来说已经足够了。

（9）创建另一个模型，该模型将从上述步骤中获得特征向量，然后为未见图像生成字幕。要实现这一目标，可以创建一个 Input 层，以特征向量的形状作为输入，示例代码如下。

```
in_img_feats = Input(shape=(2048,))
in_img_1 = Dropout(0.3)(in_img_feats)
in_img_2 = Dense(256, activation='relu')(in_img_1)
```

完成后，还需要以长短期记忆（LSTM）的形式，采用整个训练数据集的字幕中的单词输入，以便给定任何单词都能够预测接下来的 50 个单词。

其实现代码如下。

```
in_caps = Input(shape=(max_caption_len,))
in_cap_1 = Embedding(input_dim=len(word_index_map) + 1,
output_dim=50, mask_zero=True)(in_caps)
in_cap_2 = Dropout(0.3)(in_cap_1)
in_cap_3 = LSTM(256)(in_cap_2)
```

另外，还需要添加一个 decoder 层，它以 LSTM 的形式接收图像特征和单词，并在生成字幕时输出下一个可能的单词，如下所示。

```
decoder_1 = add([in_img_2, in_cap_3])
decoder_2 = Dense(256, activation='relu')(decoder_1)
outputs = Dense(len(word_index_map) + 1,
activation='softmax')(decoder_2)
```

在适当添加输入层和输出层之后，即可运行以下代码以获得此模型的汇总信息。

```
model = Model(inputs=[in_img_feats, in_caps], outputs=outputs)
model.summary()
```

输出结果如图 5-4 所示。

Layer (type)	Output Shape	Param #	Connected to
input_3 (InputLayer)	(None, 37)	0	
input_2 (InputLayer)	(None, 2048)	0	
embedding_1 (Embedding)	(None, 37, 50)	74800	input_3[0][0]
dropout_1 (Dropout)	(None, 2048)	0	input_2[0][0]
dropout_2 (Dropout)	(None, 37, 50)	0	embedding_1[0][0]
dense_1 (Dense)	(None, 256)	524544	dropout_1[0][0]
lstm_1 (LSTM)	(None, 256)	314368	dropout_2[0][0]
add_18 (Add)	(None, 256)	0	dense_1[0][0] lstm_1[0][0]
dense_4 (Dense)	(None, 256)	65792	add_18[0][0]
dense_5 (Dense)	(None, 1496)	384472	dense_4[0][0]

```
Total params: 1,363,976
Trainable params: 1,289,176
Non-trainable params: 74,800
```

图 5-4

接下来，需要在训练模型之前设置其权重。

（10）将先前创建的 embedding_matrix 插入 GloVe 嵌入的单词和数据集字幕的单词之间，示例代码如下。

```
model.layers[2].set_weights([embedding_matrix])
model.layers[2].trainable = False
```

现在可以编译模型，如下所示：

```
model.compile(loss='categorical_crossentropy', optimizer='adam')
```

（11）由于数据集很大，我们不希望在训练的同时将所有图像加载到数据集中。为了实现模型的内存高效训练，可使用一个生成器函数，如下所示。

```
def data_generator(train_descs, train_encoded, word_index_map,
max_caption_len, batch_size):
    X1, X2, y = [], [], []
    n = 0
    while True:
        for key, desc_list in train_descs.items():
            n += 1
            photo = train_encoded[key]
            for desc in desc_list:
                seq = [word_index_map[word] for word in
desc.split() if word in word_index_map]
                for i in range(1, len(seq)):
                    xi = seq[0:i]
                    yi = seq[i]
                    xi = pad_sequences([xi],
maxlen=max_caption_len, value=0, padding='post')[0]
                    yi = to_categorical([yi],
num_classes=len(word_index_map) + 1)[0]
                    X1.append(photo)
                    X2.append(xi)
                    y.append(yi)
                if n==batch_size:
                    yield [[np.array(X1), np.array(X2)], np.array(y)]
                    X1, X2, y = [], [], []
                    n = 0
```

（12）现在可以训练模型了。不过，在此之前，还必须设置模型的一些超参数（hyperparameter），示例如下。

```
batch_size = 3
steps = len(train_desc)// batch_size
```

一旦设置了超参数，即可使用以下代码行开始训练。

```
generator = data_generator(train_desc, train_encoded,
word_index_map, max_caption_len, batch_size)
model.fit_generator(generator,epochs=1,steps_per_epoch=steps,verbose=1)
model.save('./model_weights/model.h5')
```

5.2.6　测试

现在可以创建函数，基于上述步骤中训练的模型来预测字幕，并在示例图像上测试字幕生成的效果。

具体操作步骤如下。

（1）创建一个接收图像的函数，并使用 model.predict 方法在每一步得出一个单词，直到在预测中遇到#STOP#，它将停在那里并输出生成的字幕，如下所示。

```
def predict_caption(img):
    in_text = "#START#"
    for i in range(max_caption_len):
        sequence = [word_index_map[w] for w in in_text.split() if w
in word_index_map]
        sequence = pad_sequences([sequence],
maxlen=max_caption_len, padding='post')
        pred = model.predict([img, sequence])
        pred = pred.argmax()
        word = index_word_map[pred]
        in_text += (' ' + word)
        if word == "#STOP#":
            break
    caption = in_text.split()[1:-1]
    return ' '.join(caption)
```

（2）在测试数据集中的部分图片上测试生成模型，如下所示。

```
img_name = list(test_encoded.keys())[np.random.randint(0, 1000)]
img = test_encoded[img_name].reshape((1, 2048))

im = plt.imread(img_data + img_name + '.jpg')
caption = predict_caption(img)

print(caption)
plt.imshow(im)
plt.axis('off')
plt.show()
```

假设图 5-5 中显示的图像被输入到算法中。

图 5-5

图 5-5 中显示的图像可生成以下字幕。

```
a brown dog is running through the grass
```

该字幕的意思是：一条棕色的狗正在草地上奔跑。该字幕不是很准确，因为它遗漏了图片中的第二只动物。

由此可见，这个已经训练的模型仍不够准确，因此不适合用于生产环境。你可能已经注意到，我们将训练中的 Epoch 数设置为 1，这是一个非常低的值。这样做是为了让该项目的训练在合理的时间内完成。

接下来，我们将研究如何将图像字幕生成模型部署为 API，并使用它来生成实时摄像头的字幕。

5.2.7　创建一个简单的一键部署图像字幕生成模型

上面我们创建的图像字幕生成模型不够理想，因此，本节将演示一种以一键部署（click-deploy）方式部署现有模型的方法，这个现有模型是一个 Docker 镜像（image），该镜像托管在 Red Hat OpenShift 上，由 IBM 的机器学习专家创建。

这是微服务（microService）的常见做法，微服务可用于在任何网站上执行小型专用操作，因此，我们也可以将此镜像字幕服务视为微服务。

本节将使用的镜像是由 IBM 开发的 MAX Image Caption Generator 模型。它基于 im2txt 模型的代码，作为一个 TensorFlow 实现托管在 GitHub 上。该实现源于由 Oriol Vinyals、Alexander Toshev、Samy Bengio 和 Dumitru Erhan 撰写的论文 *Show and Tell: Lessons learned from the 2015 MSCOCO Image Captioning Challenge*（看图说话：从 2015 MSCOCO 图像字幕生成挑战赛中获得的经验）。

该镜像中使用的模型是在更大的 Microsoft COCO 数据集上训练的，该数据集包含超过 200000 个已标注的图像实例，图像实例总数超过 300000。该数据集包含 150 万个以上不同对象的图像，是用于构建对象检测和图像标记模型的最大和最受欢迎的数据集之一。当然，由于其庞大的规模，很难在低端设备上训练模型，因此，我们将使用现成的 Docker 镜像，而不是尝试在其上训练我们自己的模型。

　　当然，前面各节中描述的方法与 Docker 镜像中所使用的方法非常相似，在有足够可用资源的情况下，你完全可以尝试训练并提高模型的准确性。

ⓘ 注意：

可通过以下链接查看有关此 Docker 镜像项目的所有详细信息。

https://developer.ibm.com/exchanges/models/all/max-image-caption-generator/

　　虽然在该 Docker 镜像的项目页面上可以了解到部署此镜像的其他方法，但本节将演示 Red Hat OpenShift 上的部署，以便你只需单击几下即可快速测试模型。

　　来看一下如何部署该镜像，具体如下所示。

　　（1）创建一个 Red Hat OpenShift 账户。请访问以下网址。

https://www.openshift.com/

然后单击 FREE TRIAL（免费试用）。

　　（2）选择试用 RedHat OpenShift Online，如图 5-6 所示。

图 5-6

　　（3）在出现的界面中，选择 Sign up for Openshift Online（注册 Openshift Online），然后单击页面右上角的 Register（注册），转到 Registration（注册）页面。

　　（4）填写所有必要的详细信息，然后提交表格。系统将要求你进行电子邮件验证，完成后你将进入订阅 Confirmation（确认）页面，该页面将要求你确认免费订阅该平台的详细信息，如图 5-7 所示。

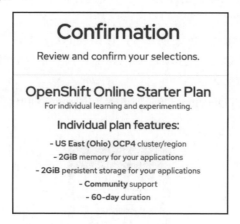

图 5-7

请注意，上述订阅详细信息随时可能更改，并且可能反映订阅的其他值、区域或持续时间等。

（5）确认订阅后，必须等待几分钟才能配置系统资源。配置完成后，你应该能够看到将你带到管理控制台的按钮，如图 5-8 所示。

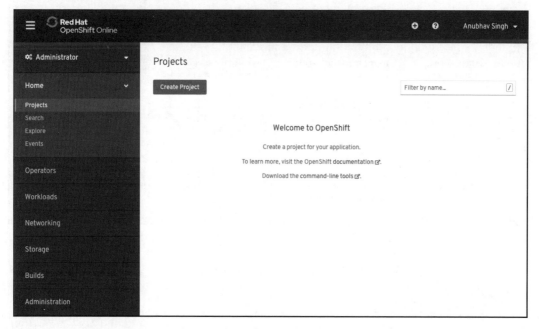

图 5-8

在图 5-8 显示的管理控制台的左侧，可以找到各种菜单选项。在当前页面的中心，还提供了创建新项目的按钮。

（6）单击 Create Project（创建项目），在出现的对话框中填写项目名称。请确保你创建的项目具有唯一名称。在创建项目后，你将看到一个仪表板，显示对所有可用资源及其使用情况的监控。

在左侧菜单中，选择 Developer（开发人员）切换到控制台的 Developer（开发人员）视图，如图 5-9 所示。

图 5-9

（7）现在你应该能够看到控制台的 Developer（开发人员）视图以及更新之后的左侧菜单。在这里，可单击 Topology（拓扑）以获取如图 5-10 所示的部署选项。

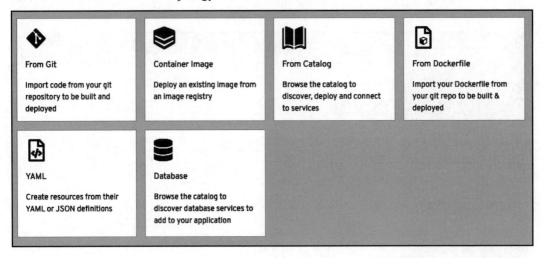

图 5-10

（8）在包含各个部署选项的界面中，单击 Container Image（容器镜像），以显示容器镜像部署表单。

在这里，将镜像名称填写为 codait/max-image-caption-generator 并单击 Search（搜索）图标。其余字段将自动获取，并且将显示与该镜像有关的信息，如图 5-11 所示。

图 5-11

（9）在出现该部署的详细信息时，单击屏幕中央的已部署镜像选项，如图 5-12 所示。

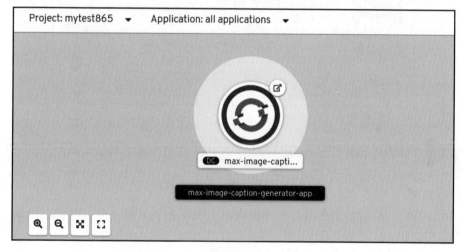

图 5-12

（10）向下滚动出现在屏幕右侧的信息面板，找到 Routes（路由）信息，如图 5-13 所示。

图 5-13

单击此路由，将为你提供已成功部署的 API 的 Swagger UI。Swagger UI 是 HTML、Javascript 和 CSS 资产的集合，可以从符合 OpenAPI 标准（OAS）的 API 动态生成漂亮的文档，如图 5-14 所示。

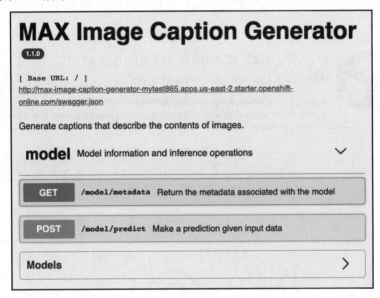

图 5-14

可以通过将该镜像发布到/model/predict 路由来快速检查模型的工作情况。你可以通过使用 Swagger UI 进行测试以更好地了解其性能。还可以使用/model/metadata 路由找到模型的元数据。

至此，我们已经做好了在项目中使用这个 API 的准备。接下来，我们将构建摄像头应用程序并将此 API 集成到应用程序中。

首先来看看如何使用摄像头插件构建应用程序。

5.3　了解摄像头插件

摄像头插件是作为 camera 依赖项提供的，允许我们自由访问设备上的摄像头。它同时支持 Android 和 iOS 设备。该插件是开源的并托管在 GitHub 上，因此任何人都可以自由访问代码、修复错误并提出对当前版本的增强。

该插件可用于在小部件上显示实时摄像头预览、捕获图像并将它们存储在本地设备上，也可以用来录制视频。此外，它还具有访问图像流的能力。

可以通过以下 3 个简单步骤将摄像头插件添加到任何应用程序。

（1）安装程序包。

（2）添加持久存储和正确执行的方法。

（3）编写代码。

接下来，我们将详细讨论每个步骤。

5.3.1　安装摄像头插件

要在应用程序中使用摄像头插件，需要在 pubspec.yaml 文件中添加 camera 作为依赖项。这可以按如下方式完成。

```
camera: 0.5.7+3
```

最后，运行以下命令将该依赖项添加到应用程序中。

```
flutter pub get
```

5.3.2　添加持久存储和正确执行的方法

对于 iOS 设备来说，还需要指定一个空间来存储系统可以轻松访问的配置数据。借助 Info.plist 文件，iOS 设备可确定要显示的图标、应用程序支持的文档类型以及其他行为。因此，在此步骤中，需要修改 ios/Runner/中的 Info.plist 文件，这可以通过添加以下文本来完成。

```
<key>NSCameraUsageDescription</key>
<string>Can I use the camera please?</string>
<key>NSMicrophoneUsageDescription</key>
<string>Can I use the mic please?</string>
```

对于 Android 设备来说，该插件正常执行所需的软件开发工具包（Software Development Kit，SDK）的最低版本为 21。因此，需将 Android SDK 的最低版本更改为 21（或更高）。该选项设置存储在 android/app/build.gradle 文件中，如下所示。

```
minSdkVersion 21
```

安装依赖项并进行必要的修改后，我们将开始编写应用程序。

5.3.3　编写代码

在安装插件并进行必要的修改后，即可使用它来访问摄像头、拍摄照片并录制视频。

重要操作步骤如下。

（1）运行以下代码以导入插件。

```
import 'package: camera/camera.dart';
```

（2）运行以下代码以检测可用的摄像头。

```
List<CameraDescription> camera = await availableCameras();
```

（3）初始化摄像头控件实例，示例如下。

```
CameraController controller = CameraController(cameras[0],
ResolutionPreset.medium);
    controller.initialize().then((_) {
      if (!mounted) {
        return;
      }
      setState(() {});
    });
```

（4）运行以下代码以处理控制器实例。

```
controller?.dispose();
```

现在，我们已经具备了摄像头插件的基本知识，接下来可以为应用程序构建实时摄像头预览。

5.4　创建摄像头应用程序

本节将构建移动应用程序，为摄像头指向的对象生成字幕。它包括一个用于捕获图像的摄像头预览和一个用于显示模型返回的字幕的文本视图。

5.4.1　摄像头应用程序组成部分

摄像头应用程序大致可分为如下两个部分。

（1）构建摄像头预览。

（2）集成模型以获取字幕。

接下来，我们首先讨论构建基本的摄像头预览。

5.4.2　构建摄像头预览

现在将为应用程序构建摄像头预览。首先创建一个新文件 generate_live_caption.dart，其中包含一个 GenerateLiveCaption 有状态小部件。

要创建实时摄像头预览，请按以下步骤操作。

（1）使用 camera 插件添加实时摄像头预览。首先将该依赖项添加到 pubspec.yaml 文件中，如下所示。

```
camera: ^0.5.7
```

然后运行以下命令将该依赖项添加到项目中。

```
flutter pub get
```

（2）创建一个新文件 generate_live_captions.dart，它包含一个 GenerateLiveCaptions 有状态小部件。

请注意，后续步骤描述的所有代码都将包含在_GenerateLiveCaptionState 类中。

（3）导入 camera 库。可将其导入 generate_live_captions.dart 中，示例如下。

```
import 'package:camera/camera.dart';
```

（4）现在需要检测设备上所有可用的摄像头。为其定义 detectCameras()函数，如下所示。

```
Future<void> detectCameras() async{
    camera = await availableCameras();
}
```

cameras 是一个包含所有可用摄像头的全局列表，并在 GenerateLiveCaptionState 中声明，如下所示。

```
List<CameraDescription> cameras;
```

（5）现在使用 initializeController()方法创建一个 CameraController 实例，如下所示。

```
void initializeController() {
    controller = CameraController(cameras[0], ResolutionPreset.medium);
    controller.initialize().then((_) {
        if (!mounted) {
            return;
        }
        setState(() {});
```

```
   });
 }
```

在该应用程序中，我们将使用设备的后置摄像头，因此可使用 camera[0]创建
CameraController 实例并使用 ResolutionPreset.medium 将分辨率指定为中等，然后使用
controller.initialize()初始化控制器。

（6）为了在应用程序的屏幕上显示摄像头，可定义一个 buildCameraPreview()方法，
如下所示。

```
Widget _buildCameraPreview() {
   var size = MediaQuery.of(context).size.width;
     return Container(
       child: Column(
         children: <Widget>[
            Container(
              width: size,
              height: size,
              child: CameraPreview(controller),
            ),
         ]
       )
   );
}
```

在上面的方法中，使用 MediaQuery.of(context).size.width 来获取容器的宽度并将其存
储在一个 size 变量中。接下来，创建了一列小部件，其中第一个元素是一个 Container。
该 Container 的子项只是一个 CameraPreview，用于在应用程序的屏幕上显示摄像头画面。

（7）现在可以覆盖 initState 以便在 GenerateLiveCaption 初始化后立即检测到所有摄
像头，如下所示。

```
@override
  void initState() {
    super.initState();
    detectCameras().then((_){
      initializeController();
    });
  }
```

在上面的代码片段中，只是简单地调用了 detectCameras()来检测所有可用的摄像头，
然后调用 initializeController()以使用后置摄像头初始化 CameraController。

（8）为了给摄像头画面生成字幕，可使用摄像头拍摄照片并将它们存储在本地设备

中。这些拍摄的照片稍后将从图像文件中检索以生成字幕。因此，我们需要一种读写文件的机制。可通过在 pubspec.yaml 文件中添加以下依赖项来使用 path_provider 插件。

```
path_provider: ^1.4.5
```

接下来，可通过在终端中运行以下命令来安装软件包。

```
flutter pub get
```

（9）要在应用程序中使用 path_provider 插件，需要在 generate_live_caption.dart 文件顶部添加以下 import 语句将其导入。

```
import 'package: path_provider/path_provider.dart';
```

（10）要将图像文件保存到磁盘，还需要导入 dart:io 库，如下所示。

```
import 'dart:io';
```

（11）现在定义一个方法 captureImages()，从摄像头捕获图像并将它们存储在设备中。这些存储的图像文件稍后将用于生成字幕。该方法的定义如下。

```
capturePictures() async {
    String timestamp = DateTime.now().millisecondsSinceEpoch.toString();
    final Directory extDir = await getApplicationDocumentsDirectory();
    final String dirPath =
'${extDir.path}/Pictures/generate_caption_images';
    await Directory(dirPath).create(recursive: true);
    final String filePath = '$dirPath/${timestamp}.jpg';
    controller.takePicture(filePath).then((_){
        File imgFile = File(filePath);
    });
}
```

在上面的代码片段中，首先使用 DateTime.now().millisecondsSinceEpoch()找出当前时间（以毫秒为单位），然后将其转换为字符串并存储在 timestamp 变量中。该 timestamp 将用于为后续存储的图像文件提供唯一名称。

接下来，使用 getApplicationDocumentsDirectory()获取可用于存储图像的目录的路径，并将其存储在 Directory 类型的 extDir 中。

现在，通过在外部目录中追加 "/Pictures/generate_caption_images" 来创建正确的目录路径。然后，通过将目录路径与当前时间戳（timestamp）组合并添加.jpg 格式扩展名来创建最终的 filePath。这样，所有拍摄照片的文件路径将始终是唯一的，因为时间戳将始终具有不同的值。

最后，通过调用 takePicture()捕获图像，使用当前的摄像头控制器实例，并传入 filePath。创建的图像文件将存储在 imgFile 中，稍后可用于生成适当的字幕。

（12）如前文所述，为了从实时摄像头画面中生成字幕，需定期捕获图像。为此可修改 initializeController()并添加一个计时器，如下所示。

```
void initializeController() {
    controller = CameraController(cameras[0], ResolutionPreset.medium);
    controller.initialize().then((_) {
        if (!mounted) {
            return;
        }
        setState(() {});
        const interval = const Duration(seconds:5);
        new Timer.periodic(interval, (Timer t) => capturePictures());
    });
}
```

在 initializeController()内部，一旦摄像头控制器被正确初始化和加载，即可使用 Duration()类创建一个 5 s 的持续时间，并将其存储在 interval 中。

现在，使用 Timer.periodic 创建一个周期性计时器，并给它一个 5 s 的间隔。这里指定的回调是 capturePictures()。它将在指定的时间间隔内重复调用。

至此，我们已经创建了一个实时摄像头，它显示在屏幕上，并且能够以 5 s 的间隔捕获图像。接下来，我们将集成模型，以便为所有捕获的图像生成字幕。

5.4.3　从摄像头生成图像字幕

在理解了图像字幕生成器的工作原理，并且拥有一个摄像头应用程序之后，即可为来自摄像头的图像生成字幕。

我们要编写的程序逻辑非常简单：按特定时间间隔从实时摄像头中捕获图像，并存储在设备的本地存储中。然后，检索存储的图片并为托管模型创建 HTTP POST 请求，传入检索到的图像以获取生成的字幕、解析响应并将其显示在屏幕上。

具体操作步骤如下。

（1）将一个 http 依赖项添加到 pubspec.yaml 文件中，以便能够生成 http 请求，如下所示。

```
http: ^0.12.0
```

使用以下命令将该依赖项安装到项目中。

```
flutter pub get
```

（2）要在应用程序中使用 http 包，需要将它导入 generate_live_caption.dart，示例如下。

```
import 'package:http/http.dart'as http;
```

（3）现在定义一个方法 fetchResponse()，该方法接收一个图像文件，并使用该图像为托管模型创建一个 POST 请求，如下所示。

```
Future<Map<String, dynamic>> fetchResponse(File image) async {
    final mimeTypeData =
        lookupMimeType(image.path, headerBytes:[0xFF, 0xD8]).split('/');
    final imageUploadRequest = http.MultipartRequest(
        'POST',
        Uri.parse(
"http://max-image-caption-generator-mytest865.apps.us-east-2.
starter.openshift-online.com/model/predict"));
    final file = await http.MultipartFile.fromPath('image', image.path,
        contentType: MediaType(mimeTypeData[0], mimeTypeData[1]));
    imageUploadRequest.fields['ext'] = mimeTypeData[1];
    imageUploadRequest.files.add(file);
    try {
        final streamedResponse = await imageUploadRequest.send();
        final response = await http.Response.fromStream(streamedResponse);
        final Map<String, dynamic> responseData = json.decode(response.body);
        parseResponse(responseData);
        return responseData;

    } catch (e) {
        print(e);
        return null;
    }
}
```

在上面的方法中，首先通过查看文件的头字节来找到所选文件的 mime 类型。然后，按照托管 API 的预期初始化 MultipartRequest。我们附加了传递给函数的文件作为 POST 的 image 参数。这里明确地将图像的扩展名与请求的正文一起传递，因为 image_picker 有一些问题——它会将图像扩展名与文件名（如 filenamejpeg）混淆，这会在服务器端管理或验证文件扩展名时产生问题。

响应采用 JSON 格式，因此，需要使用 json.decode() 对其进行解码，并使用 res.body

传入响应正文。

我们通过调用 parseResponse()来解析响应（下一步将定义该方法）。此外，还使用 catch(e)来检测和打印在执行 POST 请求时可能发生的任何错误。

（4）成功执行 POST 请求并从模型中获取响应后，该响应将包含为传递的图像生成的字幕，我们将在 parseResponse()方法中解析响应，如下所示。

```
void parseResponse(var response) {
    String resString = "";
    var predictions = response['predictions'];
    for(var prediction in predictions) {
      var caption = prediction['caption'];
      var probability = prediction['probability'];
      resString = resString + '${caption}: ${probability}\n\n';
    }
    setState(() {
      resultText = resString;
    });
}
```

在上面的方法中，首先存储 response['predictions']中存在的所有预测的列表，并将其存储在 predictions 变量中。然后使用 prediction 变量遍历 for each 循环中的每个预测。对于每个预测，分别取出存储在 prediction['caption']和 prediction['probability']中的字幕和概率。将它们追加到一个 resString 字符串变量中，该变量将包含所有预测的字幕以及概率。最后，将 resultText 的状态设置为 resString 中存储的值。在这里，resultText 是全局字符串变量，将在接下来的步骤中用于显示预测的字幕。

（5）现在我们修改 capturePictures()以便每次捕获新图像时都发出 http POST 请求，如下所示。

```
capturePictures() async {
    . . . . .
    controller.takePicture(filePath).then((_){
      File imgFile = File(filePath);
      fetchResponse(imgFile);
    });
}
```

在上面的代码片段中，添加了对 fetchResponse()的调用，并传入了图像文件。

（6）现在可修改 buildCameraPreview()以显示所有预测，如下所示。

```
Widget buildCameraPreview() {
    . . . . .
    return Container(
        child: Column(
            children: <Widget>[
                Container(
                    . . . . .
                    child: CameraPreview(controller),
                ),
                Text(resultText),
            ]
        )
    );
}
```

在上面的代码片段中，只是添加了一个包含result.Text的Text。如前文所述，result.Text是一个全局字符串变量，它将包含步骤（5）中描述的所有预测，并声明如下。

```
String resultText = "Fetching Response..";
```

（7）现在重写build()方法，为应用程序创建最终的Scaffold，如下所示。

```
@override
Widget build(BuildContext context) {
    return Scaffold(
        appBar: AppBar(title: Text('Generate Image Caption'),),
        body:
(controller.value.isInitialized)?buildCameraPreview():new Container(),
    );
}
```

在上面的代码片段中，返回一个带有标题为 Generate Image Caption（生成图像字幕）的 appBar 的 Scaffold。其正文最初设置为空的容器。一旦摄像头控制器被初始化，则主体就会更新以显示摄像头和预测的字幕。

（8）按以下方式处理摄像头控制器。

```
@override
void dispose() {
    controller?.dispose();
    super.dispose();
}
```

现在我们已经成功创建了一种机制，可以在屏幕上显示实时摄像头。实时摄像头以 5 s 的间隔捕获图像并作为输入发送到模型。然后在屏幕上显示所有捕获图像的预测字幕。

在下一节中，我们将创建最终的 Material Design 风格的应用程序（如前文所述，Material Design 是 Google 2014 年发布的面向 Android 移动设备和桌面平台的设计语言规范），以将本章前面介绍过的所有内容都整合在一起。

5.5　创建最终应用程序

在掌握了本章前面介绍的所有内容后，现在让我们创建最终的 Material Design 风格的应用程序。在 main.dart 文件中，可以创建一个 StatelessWidget 并重写 build()方法，如下所示。

```
class MyApp extends StatelessWidget {
@override
  Widget build(BuildContext context) {
    return MaterialApp(
      title: 'Flutter Demo',
      theme: ThemeData(
        primarySwatch: Colors.blue,
      ),
      home: GenerateLiveCaption()
    );
  }
}
```

现在可执行以下代码。

```
void main() => runApp(MyApp());
```

你应该获得一个类似图 5-15 的应用程序屏幕。

在图 5-15 中可以看到，该程序为摄像头画面生成了 3 个实时字幕，如下所示。

❑ a laptop computer sitting on top of a desk.（放在桌上的笔记本计算机。）

❑ an open laptop computer sitting on top of a desk.（放在桌上的打开的笔记本计算机。）

❑ an open laptop computer sitting on top of a wooden desk.（放在木桌上的打开的笔记本计算机。）

这些字幕的描述都相当准确。当然，它们并非始终如此准确，如果摄像头捕捉到的画面是训练数据集中未包含的图片，那么它们也可能表现不佳。

图 5-15

5.6　小　　结

　　本章详细讨论了如何创建一个应用程序，使用深度卷积神经网络和长短期记忆
（LSTM）网络为摄像头画面实时生成字幕。

　　本章还介绍了如何将一些以 Docker 镜像形式存在的机器学习/深度学习模型快速部
署到 Red Hat OpenShift，并以可调用 API 的形式轻松获取它们。从应用程序开发人员的
角度来看，这是至关重要的，因为当与一组机器学习开发人员一起工作时，他们通常会
为你提供要使用的模型的 Docker 镜像，这样你就无须在系统上执行任何代码或配置。此
类应用程序可用于多种用途，例如为视觉障碍人士创建辅助技术，生成某一时刻发生的
事件的记录，或者为孩子们配备一位虚拟的现场导师来帮助他们识别环境中的物体。我
们还介绍了如何应用 Flutter Camera 插件并对摄像头画面进行深度学习。

　　第 6 章我们将研究如何开发用于执行应用程序安全认证的深度学习模型。

第6章 构建人工智能认证系统

身份验证是任何应用程序都最重视的功能之一，无论是原生移动软件还是网站，出于保护数据的需要以及与敏感信息相关隐私政策的需要，它一直是一个积极发展的领域。

本章将从简单的基于 Firebase 的应用程序登录开始，逐步改进以包含基于人工智能（AI）的身份验证置信度指标和 Google 的 ReCaptcha。所有这些身份验证方法都以深度学习为核心，并提供了一种在移动应用程序中实现安全性的最新方法。

本章涵盖以下主题。

❑ 一个简单的登录应用程序。

❑ 添加 Firebase 身份验证功能。

❑ 了解身份验证的异常检测。

❑ 可对用户进行身份验证的自定义模型。

❑ 实现 ReCaptcha 以防止垃圾邮件。

❑ 在 Flutter 中部署模型。

6.1 技 术 要 求

本章移动应用程序的开发需要使用 Visual Studio Code（包含 Firebase 控制台的 Flutter 和 Dart 插件）。

本章代码的配套 GitHub 存储库网址如下。

https://github.com/PacktPublishing/Mobile-Deep-Learning-Projects/tree/master/Chapter6

6.2 一个简单的登录应用程序

我们将首先创建一个简单的身份验证应用程序，该应用程序在允许用户进入主屏幕之前使用 Firebase Authentication 对用户进行身份验证。

6.2.1 登录应用程序的流程图

我们的应用程序将允许用户输入他们的电子邮件和密码来创建一个账户，然后他们就可以使用此电子邮件和密码登录。

图 6-1 显示了该应用程序的完整流程。

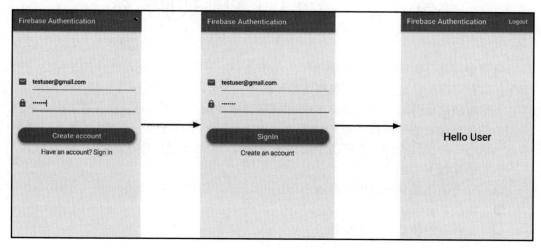

图 6-1

该应用程序的小部件树如图 6-2 所示。

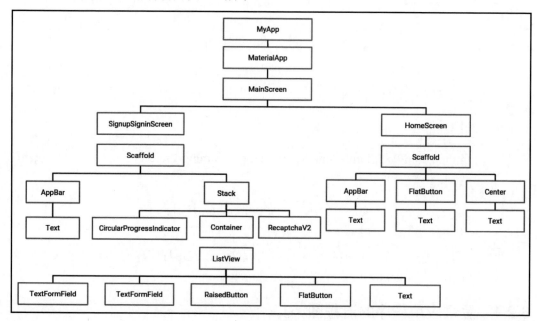

图 6-2

接下来，我们将详细讨论每个小部件的实现。

6.2.2 创建用户界面

让我们从为应用程序创建登录屏幕开始。其用户界面（user interface，UI）将由两个 TextFormField 组成，用于接收用户的电子邮件 ID 和密码，RaisedButton 用于注册/登录，而 FlatButton 则用于在注册和登录操作之间切换。

图 6-3 标记了将用于该应用程序第一个屏幕的小部件。

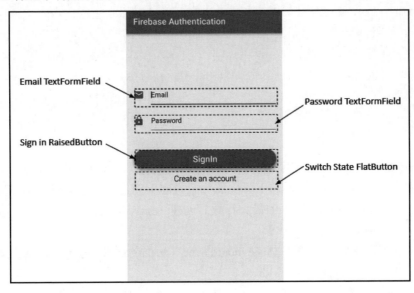

图 6-3

原　文	译　文
Email TextFormField	电子邮件 TextFormField
Sign in RaisedButton	注册 RaisedButton
Password TextFormField	密码 TextFormField
Switch State FlatButton	切换状态 FlatButton

现在可按以下方式创建应用程序的 UI。

（1）首先创建一个名为 signup_signin_screen.dart 的新 dart 文件。该文件包含一个有状态的小部件——SignupSigninScreen。

（2）第一屏最上面的 widget 是 TextField，用于获取用户的邮件 ID。_createUserMailInput()方法可帮助构建该小部件。

```
Widget _createUserMailInput() {
 return Padding(
    padding: const EdgeInsets.fromLTRB(0.0, 100.0, 0.0, 0.0),
    child: new TextFormField(
      maxLines: 1,
      keyboardType: TextInputType.emailAddress,
      autofocus: false,
      decoration: new InputDecoration(
          hintText: 'Email',
          icon: new Icon(
            Icons.mail,
            color: Colors.grey,
          )),
      validator: (value) => value.isEmpty ? 'Email can\'t be
empty' : null,
      onSaved: (value) => _usermail = value.trim(),
    ),
  );
}
```

在上面的代码中，首先使用 EdgeInsets.fromLTRB() 为小部件提供了填充，这有助于在 4 个基本方向（即左、上、右和下）中的每个方向上创建具有不同值的偏移量。

然后，使用 maxLines（输入的最大行数）创建 TextFormField，其值为 1，它将接收用户的电子邮件地址。

此外，我们还指定了键盘类型 keyboardType（后面的属性中会用到），它取决于输入类型，即 TextInputType.emailAddress。

将 autoFocus 设置为 false。然后，在 decoration 属性中使用 InputDecoration 来提供提示文本（hintText）'Email' 和图标 Icons.mail。

为了确保用户不会在没有输入电子邮件地址或密码的情况下尝试登录，我们添加了一个验证器（validator）。当尝试使用空字段登录时，将显示警告 Email can't be empty（电子邮件地址不能为空）。

最后，使用 trim() 对输入的值进行修剪，删除所有尾随空格，然后将输入的值存储在 _usermail 字符串变量中。

（3）与步骤（2）中的 TextField 类似，现在可定义下一个方法 _createPasswordInput()，以创建用于输入密码的 TextFormField()。

```
Widget _createPasswordInput() {
    return Padding(
      padding: const EdgeInsets.fromLTRB(0.0, 15.0, 0.0, 0.0),
```

```
    child: new TextFormField(
      maxLines: 1,
      obscureText: true,
      autofocus: false,
      decoration: new InputDecoration(
          hintText: 'Password',
          icon: new Icon(
            Icons.lock,
            color: Colors.grey,
          )),
      validator: (value) => value.isEmpty ? 'Password can\'t be
empty' : null,
      onSaved: (value) => _userpassword = value.trim(),
    ),
  );
}
```

在上面的代码中，首先使用 EdgeInsets.fromLTRB()在所有 4 个主要方向提供填充，以在顶部提供 15.0 的偏移量。

然后，创建一个 TextFormField，设置其 maxLines 为 1，并将 obcuffetText 设置为 true，将 autofocus 设置为 false。obscureText 则用于隐藏输入的文本。

InputDecoration 可提供提示文本（hintText）'Password'和一个灰色图标 Icons.lock。

为了确保用户不会在没有输入电子邮件地址或密码的情况下尝试登录，我们添加了一个验证器（validator）。当尝试使用空字段登录时，将显示警告 Password can't be empty（密码不能为空）。

最后，使用 trim()进行修剪，删除所有尾随空格，然后将输入的密码存储在 _userpassword 字符串变量中。

（4）在_SignupSigninScreenState 外面声明 FormMode 枚举，以在 SIGNIN 和 SIGNUP 两种模式之间运行，示例如下。

```
enum FormMode { SIGNIN, SIGNUP }
```

该枚举可用于让用户登录和注册的按钮。它将帮助我们轻松地在两种模式之间切换。枚举（enumeration）是一组用于表示常量值的标识符。

ℹ️ 注意：

枚举类型使用 enum 关键字声明。在 enum 中声明的每个标识符代表一个整数值；例如，第一个标识符的值为 0，第二个标识符的值为 1。默认情况下，第一个标识符的值为 0。

（5）让我们定义一个_createSigninButton()方法，该方法返回按钮小部件以让用户注册和登录。

```
Widget _createSigninButton() {
  return new Padding(
    padding: EdgeInsets.fromLTRB(0.0, 45.0, 0.0, 0.0),
    child: SizedBox(
      height: 40.0,
      child: new RaisedButton(
        elevation: 5.0,
        shape: new RoundedRectangleBorder(borderRadius: new
BorderRadius.circular(30.0)
      ),
        color: Colors.blue,
        child: _formMode == FormMode.SIGNIN
          ? new Text('SignIn',
            style: new TextStyle(fontSize: 20.0, color: Colors.white))
          : new Text('Create account',
            style: new TextStyle(fontSize: 20.0, color: Colors.white)),
        onPressed: _signinSignup,
      ),
    )
  );
}
```

我们从 Padding 开始，在顶部提供了 45.0 的按钮偏移量（offset），并添加 height 为 40.0 的 SizedBox 作为其子项，RaisedButton 也是其子项。使用 RoundedRectangleBorder() 为凸起的按钮赋予圆角矩形形状，边框半径为 30.0，颜色为 blue。

作为子项添加的按钮的文本取决于_formMode 的当前值。如果_formMode（FormMode 枚举的一个实例）的值是 FormMode.SIGNIN，则该按钮显示的文本就是 SignIn（登录），否则显示的文本就是 Create account（创建账户）。

_signinSignup 方法将在按下按钮时调用，下文将详细介绍。

（6）现在添加第 4 个按钮，让用户在 SIGNIN 和 SIGNUP 表单模式之间切换。按以下方式定义返回 FlatButton 的_createSigninSwitchButton()方法。

```
Widget _createSigninSwitchButton() {
  return new FlatButton(
    child: _formMode == FormMode.SIGNIN
      ? new Text('Create an account',
        style: new TextStyle(fontSize: 18.0, fontWeight: FontWeight.w300)
      )
```

```
      : new Text('Have an account? Sign in',
        style:new TextStyle(fontSize: 18.0, fontWeight: FontWeight.w300)
      ),
    onPressed: _formMode == FormMode.SIGNIN
      ? _switchFormToSignUp
      : _switchFormToSignin,
  );
}
```

如果_formMode 的当前值为 SIGNIN，并且按钮被按下，那么它应该更改为 SIGNUP 并且应该显示 Create an account（创建账户）。否则，如果 _formMode 将 SIGNUP 作为其当前值并且按钮被按下，则该值应切换为 SIGNIN，并且显示文本 Have an account? Sign in（已有账户？请登录）。

在使用三元运算符创建 RaisedButton 的 Text 子项时，添加了这种在文本之间切换的逻辑。相似的逻辑也用于 onPressed 属性，它可以再次检查_formMode 的值，以在模式之间切换并使用_switchFormToSignUp 和_switchFormToSignin 方法更新_formMode 的值。

在步骤（7）和（8）中将分别定义_switchFormToSignUp 和_switchFormToSignin 方法。

（7）现在定义_switchFormToSignUp()，具体代码如下所示。

```
void _switchFormToSignUp() {
  _formKey.currentState.reset();
  setState(() {
    _formMode = FormMode.SIGNUP;
  });
}
```

此方法可重置_formMode 的值并将其更新为 FormMode.SIGNUP。更改 setState()中的值有助于通知框架：对象的内部状态已更改，并且 UI 可能需要更新。

（8）以与_switchFormToSignUp()相似的方式定义_switchFormToSignin()。

```
void _switchFormToSignin() {
  _formKey.currentState.reset();
  setState(() {
    _formMode = FormMode.SIGNIN;
  });
}
```

此方法可重置_formMode 的值并将其更新为 FormMode.SIGNIN。更改 setState()中的值有助于通知框架：对象的内部状态已更改，并且 UI 可能需要更新。

（9）现在将所有屏幕小部件——Email TextField、Password TextField、SignIn Button 和 FlatButton 结合在一起，以在单个容器内切换注册和登录功能。为此可按以下方式定义一个 createBody()方法。

```
Widget _createBody(){
    return new Container(
        padding: EdgeInsets.all(16.0),
        child: new Form(
            key: _formKey,
            child: new ListView(
                shrinkWrap: true,
                children: <Widget>[
                    _createUserMailInput(),
                    _createPasswordInput(),
                    _createSigninButton(),
                    _createSigninSwitchButton(),
                    _createErrorMessage(),
                ],
            ),
        )
    );
}
```

此方法返回一个以 Form 作为子项的新 Container 并为其提供 16.0 的填充。该表单使用_formKey 作为其键并添加 ListView 作为其子项。ListView 的元素是我们在上面的方法中创建的用于添加 TextFormFields 和 Buttons 的小部件。

shrinkWrap 设置为 true 时，将确保 ListView 仅占用必要的空间，不会尝试扩展和填满整个屏幕。

ⓘ 注意：

Form 类用于将多个 FormField 分组在一起并进行验证。在这里，我们使用 Form 将两个 TextFormFields、一个 RaisedButton 和一个 FlatButton 包装在一起。

（10）要注意的是，由于要进行身份验证，用户最终会进行网络操作，因此可能需要一些时间来进行网络请求。添加进度条可防止网络操作进行时 UI 死锁。

我们可声明一个 boolean 标志_loading，它在网络操作开始时设置为 true。现在按以下方式定义一个_createCircularProgress()方法。

```
Widget _createCircularProgress(){
  if (_loading) {
    return Center(child: CircularProgressIndicator());
  } return Container(height: 0.0, width: 0.0,);
}
```

仅当_loading 为 true 且正在进行网络操作时,该方法才返回 CircularProgressIndicator()。

（11）在 build()方法中添加所有小部件。

```
@override
Widget build(BuildContext context) {
  return new Scaffold(
    appBar: new AppBar(
      title: new Text('Firebase Authentication'),
    ),
    body: Stack(
      children: <Widget>[
        _createBody(),
        _createCircularProgress(),
      ],
    )
  );
}
```

在 build()内部,可在添加包含应用程序标题的 AppBar 变量后返回一个 Scaffold。该 Scaffold 的主体包含一个带有子项的 stack,作为由_createBody()和_createCircularProgress() 函数调用返回的小部件。

现在已经准备好应用程序的主 UI 结构。

ℹ️ **注意:**

SignupSigninScreen 的完整代码网址如下。

https://github.com/PacktPublishing/-Mobile-Deep-Learning-Projects/blob/master/Chapter6/ firebase_authentication/lib/signup_login_screen.dart

下一节将讨论向应用程序添加 Firebase 身份验证所涉及的步骤。

6.3　添加 Firebase 身份验证功能

如前文所述,我们将使用电子邮件和密码通过 Firebase 集成进行身份验证。

ℹ️ **注意:**

要在 Firebase 控制台上创建和配置 Firebase 项目,请参阅本书附录。

以下步骤详细讨论了如何在 Firebase 控制台上设置项目。

（1）在 Firebase 控制台上选择项目，如图 6-4 所示。

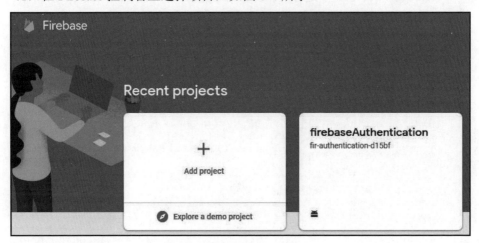

图 6-4

（2）单击 Develop（开发）菜单中的 Authentication（身份验证）选项，如图 6-5 所示。

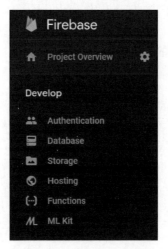

图 6-5

这将进入身份验证屏幕。

（3）迁移到 Sign-in method（登录方法）选项卡并启用 Sign-in providers 下的 Email/ Password（电子邮件/密码）选项，如图 6-6 所示。

这就是设置 Firebase 控制台所需的全部内容。

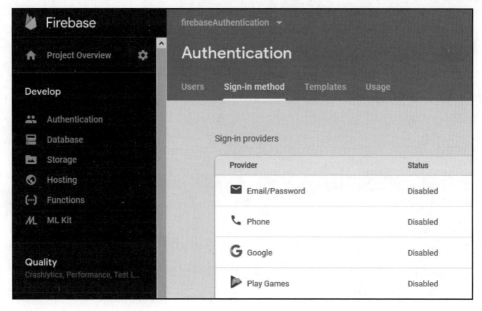

图 6-6

接下来，我们将在代码中集成 Firebase。这是按以下方式完成的。

（1）迁移到你的 Flutter 软件开发工具包（SDK）项目中，并将 firebase-auth 添加到应用级 build.gradle 文件中。

```
implementation 'com.google.firebase:firebase-auth:18.1.0'
```

（2）为了让 FirebaseAuthentication 在应用程序中工作，可使用 firebase_auth 插件。将插件依赖项添加到 pubspec.yaml 文件中。

```
firebase_auth: 0.14.0+4
```

运行以下命令来安装依赖项。

```
flutter pub get
```

现在编写一些代码，以在应用程序中提供 Firebase 身份验证功能。

6.3.1　创建 auth.dart

现在创建一个 Dart 文件 auth.dart。此文件将作为访问由 firebase_auth 插件提供的身份验证方法的集中点。

（1）导入 firebase_auth 插件。

```
import 'package:firebase_auth/firebase_auth.dart';
```

（2）现在创建一个抽象类 BaseAuth，它将列出所有身份验证方法并充当 UI 组件和身份验证方法之间的中间层。

```
abstract class BaseAuth {
    Future<String> signIn(String email, String password);
    Future<String> signUp(String email, String password);
    Future<String> getCurrentUser();
    Future<void> signOut();
}
```

正如这些方法的名称所暗示的那样，我们将使用以下 4 个主要的身份验证功能。

❑ signIn()：已存在的用户可使用电子邮件和密码登录。

❑ signUp()：使用电子邮件和密码为新用户创建账户。

❑ getCurrentUser()：获取当前登录的用户。

❑ signOut()：注销已登录的用户。

🛈 注意：

值得一提的是，由于这是一个网络操作，因此所有方法都是异步操作的，并在执行完成后返回一个 Future 值。

（3）创建一个实现 BaseAuth 的 Auth 类。

```
class Auth implements BaseAuth {
    //. . . . .
}
```

在接下来的步骤中，我们将定义 BaseAuth 中声明的所有方法。

（4）创建一个 FirebaseAuth 实例。

```
final FirebaseAuth _firebaseAuth = FirebaseAuth.instance;
```

（5）signIn()方法实现如下。

```
Future<String> signIn(String email, String password) async {
    AuthResult result = await
_firebaseAuth.signInWithEmailAndPassword(email: email, password:
password);
    FirebaseUser user = result.user;
    return user.uid;
}
```

　　该方法可接受用户的电子邮件和密码，并调用 signInWithEmailAndPassword()，传递电子邮件和密码以登录现有用户。

　　登录操作完成后，将返回一个 AuthResult 实例。我们将它存储在 result 中并使用 result.user，它返回 FirebaseUser，可用于获取与用户相关的信息，例如他们的 uid、phoneNumber 和 photoUrl。

　　在本示例中，我们返回 user.uid，它是每个现有用户的唯一标识。如前文所述，由于这是一个网络操作，因此它将异步运行并在执行完成后返回 Future。

　　（6）定义 signUp()方法以添加新用户。

```
Future<String> signUp(String email, String password) async {
    AuthResult result = await
_firebaseAuth.createUserWithEmailAndPassword(email: email,
password: password);
    FirebaseUser user = result.user;
    return user.uid;
}
```

　　上述方法可接收注册期间使用的电子邮件和密码，并在对 createUserWithEmailAndPassword 的调用中传递该值。

　　与 signIn()方法的定义类似，此调用还返回一个 AuthResult 对象，该对象可用于提取 FirebaseUser。最后，signUp 方法返回新创建用户的 uid。

　　（7）现在定义 getCurrentUser()。

```
Future<String> getCurrentUser() async {
    FirebaseUser user = await _firebaseAuth.currentUser();
    return user.uid;
}
```

　　在上面定义的函数中，使用了_firebaseAuth.currentUser()提取当前登录用户的信息。此方法返回包含在 FirebaseUser 对象中的完整信息，我们将其存储在 user 变量中。最后使用 user.uid 返回用户的 uid。

　　（8）执行 signOut()。

```
Future<void> signOut() async {
    return _firebaseAuth.signOut();
}
```

　　此函数可在当前 FirebaseAuth 实例上调用 signOut()并注销登录用户。

　　至此，我们完成了实现 Firebase 身份验证的所有基本编码。

ⓘ **注意：**

auth.dart 中的完整代码网址如下。

https://github.com/PacktPublishing/-Mobile-Deep-Learning-Projects/blob/master/Chapter6/
firebase_authentication/lib/auth.dart

接下来，让我们看看如何在应用程序中使身份验证生效。

6.3.2　在 SignupSigninScreen 中添加身份验证功能

本节将在 SignupSigninScreen 中添加 Firebase 身份验证功能。

在 signup_signin_screen.dart 文件中可定义一个_signinSignup()方法。当按下登录按钮时调用该方法。该方法的主体如下所示。

```
void _signinSignup() async {
   setState(() {
      _loading = true;
   });
   String userId = "";
   if (_formMode == FormMode.SIGNIN) {
      userId = await widget.auth.signIn(_usermail, _userpassword);
   } else {
      userId = await widget.auth.signUp(_usermail, _userpassword);
   }
   setState(() {
      _loading = false;
   });
   if (userId.length > 0 && userId != null && _formMode ==
FormMode.SIGNIN) {
      widget.onSignedIn();
   }
}
```

在上面的方法中，首先将_loading 的值设置为 true，以使进度条显示在屏幕上，直到登录过程完成。接下来，我们创建一个 userId 字符串，该字符串将在登录/注册操作完成后存储 userId 的值。

现在，我们检查_formMode 的当前值，如果它等于 FormMode.SIGNIN，则表示用户想登录一个已经存在的账户。因此，可使用传入 SignupSigninScreen 构造函数的实例调用 Auth 类中定义的 signIn()方法。下文将详细讨论此操作。

如果_formMode 的值等于 FormMode.SIGNUP，则调用 Auth 类的 signUp()方法，传入用户的邮件和密码以创建新账户。userId 变量用于在成功完成登录/注册后存储用户的 ID。

整个过程完成后，_loading 设置为 false 以从屏幕上删除循环进度指示器。此外，如果在用户登录现有账户时 userId 包含有效值，则调用 onSignedIn()，将用户定向到应用程序的主屏幕。

此方法还传递到 SignupSigninScreen 的构造函数中（下文将详细讨论）。最后，我们将整个方法主体包装在一个 try-catch 块中，以便在登录期间发生的任何异常都可以被捕获并显示在屏幕上而不会导致应用程序崩溃。

6.3.3　创建 MainScreen

我们还需要确定身份验证状态，即应用程序启动时用户是否已登录，如果已登录，则将他们定向到主屏幕。如果用户未登录，则 SignInSignupScreen 应首先出现，在完成此过程后，将启动主屏幕。为了实现这一点，可以在新的 dart 文件 main_screen.dart 中创建一个有状态小部件 MainScreen，并执行以下步骤。

（1）定义一个枚举 AuthStatus，它表示用户当前的身份验证状态，可以是已登录（SIGNED_IN）或未登录（NOT_SIGNED_IN）。

```
enum AuthStatus {
    NOT_SIGNED_IN,
    SIGNED_IN,
}
```

（2）创建一个 enum 类型的变量来存储当前的身份验证状态，将初始值设置为NOT_SIGNED_IN。

```
AuthStatus authStatus = AuthStatus.NOT_SIGNED_IN;
```

（3）初始化小部件后，可通过重写 initState()方法来确定用户是否已登录。

```
@override
void initState() {
    super.initState();
    widget.auth.getCurrentUser().then((user) {
        setState(() {
            if (user != null) {
                _userId = user;
            }
            authStatus =
```

```
                       user == null ? AuthStatus.NOT_SIGNED_IN :
AuthStatus.SIGNED_IN;
        });
    });
}
```

在上面的代码中，使用在构造函数中传递的类的实例调用 Auth 类的 getCurrentUser()。如果该方法返回的值不为空，则表示用户已经登录，因此将_userId 字符串变量的值设置为返回值。此外，将 authStatus 设置为 AuthStatus.SIGNED_IN。如果返回值为空，则表示没有用户登录，因此将 authStatus 的值设置为 AuthStatus.NOT_SIGNED_IN。

（4）现在可定义另外两个方法——onSignIn()和 onSignOut()，以确保身份验证状态正确存储在变量中并相应地更新用户界面。

```
void _onSignedIn() {
    widget.auth.getCurrentUser().then((user){
        setState(() {
            _userId = user;
        });
    });
    setState(() {
        authStatus = AuthStatus.SIGNED_IN;
    });
}
void _onSignedOut() {
    setState(() {
        authStatus = AuthStatus.NOT_SIGNED_IN;
        _userId = "";
    });
}
```

在上面的代码中，_onSignedIn()方法可检查用户是否已经登录，并将 authStatus 设置为 AuthStatus.SIGNED_IN。而_onSignedOut()方法则检查用户是否已经注销并将 authStatus 设置为 AuthStatus.NOT_SIGNED_IN。

（5）重写 build 方法以将用户引导到正确的屏幕。

```
@override
Widget build(BuildContext context) {
    if(authStatus == AuthStatus.SIGNED_OUT) {
        return new SignupSigninScreen(
            auth: widget.auth,
            onSignedIn: _onSignedIn,
```

```
        );
    } else {
        return new HomeScreen(
            userId: _userId,
            auth: widget.auth,
            onSignedOut: _onSignedOut,
        );
    }
}
```

可以看到，如果 authStatus 是 AuthStatus.SIGNED_OUT，则返回 SignupSigninScreen，传递 auth 实例和_onSignedIn()方法。否则，直接返回 HomeScreen，传入登录用户的 userId、Auth 实例类和_onSignedOut()方法。

ℹ️ 注意：

main_screen.dart 的完整代码网址如下。

https://github.com/PacktPublishing/-Mobile-Deep-Learning-Projects/blob/master/Chapter6/
firebase_authentication/lib/main_screen.dart

接下来，我们将为应用程序添加一个非常简单的主页屏幕。

6.3.4　创建 HomeScreen

在本示例中，我们主要讨论的是身份验证功能，因此主页屏幕（即用户成功登录后所指向的屏幕）保持非常简单就可以了。它仅需包含一些文本和一个注销（Logout）选项。正如我们对之前的屏幕和小部件所做的那样，这里也需要先创建一个 home_screen.dart 文件和一个有状态的 HomeScreen 小部件。

主页屏幕的外观效果如图 6-7 所示。

以下代码应位于重写的 build()方法中。

```
@override
Widget build(BuildContext context) {
    return new Scaffold(
        appBar: new AppBar(
            title: new Text('Firebase Authentication'),
            tions: <Widget>[
                new FlatButton(
                    child: new Text('Logout',
                    style: new TextStyle(fontSize:16.0, color:Colors.white)),
```

```
                onPressed: _signOut
            )
        ],
    ),
    body: Center(child: new Text('Hello User',
    style: new TextStyle(fontSize: 32.0))
    ),
  );
}
```

图 6-7

在上面的代码中，返回了一个 Scaffold，其中包含一个标题为 Firebase Authentication 的 AppBar 和一个用于 actions 属性的小部件列表。actions 用于将小部件列表添加到应用程序栏旁边的应用程序标题。在这里，它只包含一个 FlatButton（即 Logout），当该按钮被按下时，调用_signOut。

_signOut()方法如下所示。

```
_signOut() async {
    try {
        await widget.auth.signOut();
        widget.onSignedOut();
    } catch (e) {
```

```
        print(e);
    }
}
```

该方法主要调用 Auth 类中定义的 signOut()方法以将用户从应用程序中注销。读者可以复习一下传递给 HomeScreen 的 MainScreen 的_onSignedOut()方法。该方法在此处用作 widget.onSignedOut()以在用户注销时将 authStatus 更改为 SIGNED_OUT。

此外，该方法也被包装在一个 try-catch 块中，以捕获和打印此处可能发生的任何异常。

ⓘ 注意：

home_screen.dart 的完整代码网址如下。

https://github.com/PacktPublishing/-Mobile-Deep-Learning-Projects/blob/master/Chapter6/firebase_authentication/lib/home_screen.dart

至此，该应用程序的主要组件都已准备就绪，可以创建最终的 Material Design 风格的应用程序。

6.3.5　创建 main.dart

在 main.dart 中，我们将创建 Stateless Widget、App，并按如下方式重写 build()方法。

```
@override
Widget build(BuildContext context) {
    return new MaterialApp(
        title: 'Firebase Authentication',
        debugShowCheckedModeBanner: false,
        theme: new ThemeData(
            primarySwatch: Colors.blue,
        ),
        home: new MainScreen(auth: new Auth()));
}
```

该方法可返回 MaterialApp，提供标题、主题和主页屏幕。

ⓘ 注意：

main.dart 的完整代码网址如下。

https://github.com/PacktPublishing/-Mobile-Deep-Learning-Projects/blob/master/Chapter6/firebase_authentication/lib/main.dart

6.4　了解身份验证的异常检测

异常检测（anomaly detection）是机器学习的一个被广泛研究的分支。该术语的含义很简单。基本上，它是用于检测异常的方法的集合。想象有一袋苹果，识别和挑选坏苹果就是一种异常检测行为。

异常检测可按以下多种方式执行。

❑　使用列的最小值-最大值范围来识别数据集中与其余样本有很大不同的数据样本。例如，如果将成人身高最小值-最大值范围设定为 140～190 cm，则超出此范围均为异常值。

❑　将数据绘制为折线图并识别图中的突然尖峰。

❑　将数据绘制在高斯曲线周围并将极端处的点标记为离群值（异常）。

常用的异常检测方法包括支持向量机（support vector machine，SVM）、贝叶斯网络（Bayesian network）和 k 最近邻（k-nearest neighbor，kNN）算法。本节将重点讨论与安全相关的异常检测。

想象一下，通常你会在家中通过应用程序登录自己的账户。如果你突然从千里之外的位置登录账户，或者在另一种情况下，比如你以前从未使用公共计算机登录过自己的账户，但有一天你突然这样做了，那么这将是非常可疑的。另一个可疑的情况是你尝试了 10～20 次密码，每次都输入错误，然后突然成功登录。

当你的账户可能被盗用时，上述所有这些情况都是可能的行为。因此，集成一个能够确定你的正常行为并对异常行为进行分类的系统非常重要。换句话说，即使黑客拥有正确的密码，入侵你账户的尝试也应被标记为异常。

这给我们带来了一个有趣的点，即确定用户的正常行为。如何做到这一点？什么是正常行为？它是针对每个用户还是一个通用概念？这些问题的答案是：它与特定的用户有关。但是，对于所有用户而言，行为的某些方面可能是相同的。某个应用程序可能有多个可以启动登录的屏幕（例如，指纹识别、文字密码或图案密码等），单个用户可能更喜欢其中一种或两种方法，这将导致该用户经常出现该特定行为。但是，如果某次登录是从未标记的屏幕尝试，则显然是异常现象。

在我们的应用程序中，将集成这样一个系统。为实现该功能，可以记录应用程序用户在很长一段时间内进行的所有登录尝试。我们将特别注意用户尝试登录的屏幕，以及传递给系统的数据类型。一旦收集了大量的此类样本，即可根据用户执行的任何操作来确定系统对身份验证机制的置信度。在任何时候，如果系统认为用户表现出的行为与其习惯行为大不相同，则该用户将不会通过身份验证并被要求确认其账户详细信息。

接下来，我们将创建一个预测模型来确定用户身份验证是正常的还是异常的。

6.5　用于验证用户的自定义模型

验证用户的操作可分为以下两个部分。

❑　为检查身份认证的有效性构建模型。

❑　托管自定义身份认证的验证模型。

让我们从第一部分开始。

6.5.1　为检查身份认证的有效性构建模型

本节将构建模型以确定用户是在执行正常登录还是异常登录。

（1）导入必需的模块，如下所示。

```
import sys
import os
import json
import pandas
import numpy
from keras.models import Sequential
from keras.layers import LSTM, Dense, Dropout
from keras.layers.embeddings import Embedding
from keras.preprocessing import sequence
from keras.preprocessing.text import Tokenizer
from collections import OrderedDict
```

（2）现在将数据集导入到项目中。该数据集的网址如下。

https://github.com/PacktPublishing/Mobile-Deep-Learning-Projects/blob/master/Chapter6/
Model/data/data.csv

导入数据集的代码如下。

```
csv_file = 'data.csv'

dataframe = pandas.read_csv(csv_file, engine='python',
quotechar='|', header=None)
count_frame = dataframe.groupby([1]).count()
```

```
print(count_frame)
total_req = count_frame[0][0] + count_frame[0][1]
num_malicious = count_frame[0][1]

print("Malicious request logs in dataset:
{:0.2f}%".format(float(num_malicious) / total_req * 100))
```

上面的代码块将 CSV 数据集加载到项目中。它还可以打印一些与数据有关的统计信息，如图 6-8 所示。

```
         0
1
0   13413
1   13360
Malicious request logs in dataset: 49.90%
```

图 6-8

（3）在步骤（2）中加载的数据的格式尚不能用于执行深度学习。在本步骤中，我们将其拆分为特征列和标签列，如下所示。

```
X = dataset[:,0]
Y = dataset[:,1]
```

（4）可以删除数据集中包含的某些列，因为我们构建的是一个很简单的模型，并不需要所有列。

```
for index, item in enumerate(X):
    reqJson = json.loads(item, object_pairs_hook=OrderedDict)
    del reqJson['timestamp']
    del reqJson['headers']
    del reqJson['source']
    del reqJson['route']
    del reqJson['responsePayload']
    X[index] = json.dumps(reqJson, separators=(',', ':'))
```

（5）现在可以对余下的请求正文执行分词（tokenization，也称为标记化）。所谓分词就是将大块文本分解为较小文本块，例如，将段落分解为句子，将句子分解为单词。具体示例如下。

```
tokenizer = Tokenizer(filters='\t\n', char_level=True)
tokenizer.fit_on_texts(X)
```

（6）在分词之后，可将请求正文中的文本转换为词向量。我们将数据集和 DataFrame

标签按 75%～25%比例分成两个部分，分别用于训练和测试。

```
num_words = len(tokenizer.word_index)+1
X = tokenizer.texts_to_sequences(X)

max_log_length = 1024
train_size = int(len(dataset) * .75)

X_processed = sequence.pad_sequences(X, maxlen=max_log_length)
X_train, X_test = X_processed[0:train_size],
X_processed[train_size:len(X_processed)]
Y_train, Y_test = Y[0:train_size], Y[train_size:len(Y)]
```

（7）创建一个基于长短期记忆（long short term memory，LSTM）的循环神经网络（recurrent neural network，RNN），它将学习识别正常的用户行为。词嵌入（word embedding）被添加到层中以帮助维护词向量和词之间的关系。

```
model = Sequential()
model.add(Embedding(num_words, 32, input_length=max_log_length))
model.add(Dropout(0.5))
model.add(LSTM(64, recurrent_dropout=0.5))
model.add(Dropout(0.5))
model.add(Dense(1, activation='sigmoid'))
```

这里的输出是单个神经元，在正常登录的情况下，该神经元保存为 0，在登录异常的情况下，该神经元保存为 1。

（8）现在以准确率（accuracy）作为度量标准来编译模型，而损失（loss）则以二元交叉熵（binary cross entropy，BCE）来计算：

```
model.compile(loss='binary_crossentropy', optimizer='adam',
metrics=['accuracy'])
print(model.summary())
```

（9）按以下方式训练模型。

```
model.fit(X_train, Y_train, validation_split=0.25, epochs=3,
batch_size=128)
```

（10）检查模型达到的准确率。可以看到，当前模型的准确率达到了 96%以上。

```
score, acc = model.evaluate(X_test, Y_test, verbose=1, batch_size=128)
print("Model Accuracy: {:0.2f}%".format(acc * 100))
```

图 6-9 显示了上述代码块的输出结果。

```
In [14]:   score, acc = model.evaluate(X_test, Y_test, verbose=1, batch_size=128)
           6694/6694 [==============================] - 24s 4ms/step

In [15]:   print("Model Accuracy: {:0.2f}%".format(acc * 100))
           Model Accuracy: 96.47%
```

图 6-9

（11）保存模型权重（Weight）和模型定义。稍后会将这些加载到 API 脚本中以验证用户的身份。

```
model.save_weights('lstm-weights.h5')
model.save('lstm-model.h5')
```

接下来，需要将身份验证模型作为 API 托管。

6.5.2 托管自定义身份认证的验证模型

本节将创建一个 API，用于在用户向模型提交登录请求时对其进行身份验证。请求标头将被解析为字符串，模型将使用它来预测登录是否有效。

（1）导入创建 API 服务器所需的模块。

```
from sklearn.externals import joblib
from flask import Flask, request, jsonify
from string import digits

import sys
import os
import json
import pandas
import numpy
import optparse
from keras.models import Sequential, load_model
from keras.preprocessing import sequence
from keras.preprocessing.text import Tokenizer
from collections import OrderedDict
```

（2）实例化一个 Flask 应用程序对象。

载入第 6.5.1 节“为检查身份认证的有效性构建模型”中保存的模型定义和模型权重。重新编译模型并使用_make_predict_function()方法创建其预测方法，具体示例如下。

```
app = Flask(__name__)
```

```
model = load_model('lstm-model.h5')
model.load_weights('lstm-weights.h5')
model.compile(loss = 'binary_crossentropy', optimizer = 'adam',
metrics = ['accuracy'])
model._make_predict_function()
```

（3）创建一个 remove_digits()函数，用于从提供给它的输入中去除所有数字。这将用于在将请求正文放入模型之前对其进行清理。

```
def remove_digits(s: str) -> str:
    remove_digits = str.maketrans('', '', digits)
    res = s.translate(remove_digits)
    return res
```

（4）在 API 服务器中创建一个/login 路由。该路由将由 login()方法处理并响应 GET 和 POST 请求方法。正如对训练输入所做的那样，我们删除了请求标头的非必要组件。这可确保模型对数据的预测与训练时类似。

```
@app.route('/login', methods=['GET, POST'])
def login():
    req = dict(request.headers)
    item = {}
    item["method"] = str(request.method)
    item["query"] = str(request.query_string)
    item["path"] = str(request.path)
    item["statusCode"] = 200
    item["requestPayload"] = []

    ## 此行下方的更多代码

    ## 此行下方的更多代码

    response = {'result': float(prediction[0][0])}
    return jsonify(response)
```

（5）向 login()方法添加代码，该代码将标记化请求正文并将其传递给模型以执行有关登录请求有效性的预测，如下所示。

```
@app.route('/login', methods=['GET, POST'])
def login():
    ...
    ## 此行下方的更多代码
    X = numpy.array([json.dumps(item)])
```

```
log_entry = "store"

tokenizer = Tokenizer(filters='\t\n', char_level=True)
tokenizer.fit_on_texts(X)
seq = tokenizer.texts_to_sequences([log_entry])
max_log_length = 1024
log_entry_processed = sequence.pad_sequences(seq,
maxlen=max_log_length)

prediction = model.predict(log_entry_processed)
## 此行上方的更多代码
...
```

最后，应用程序以 JSON 字符串的形式返回对用户进行身份验证的置信度。

（6）使用 app 的 run()方法来启动服务端脚本。

```
if __name__ == '__main__':
    app.run(host='0.0.0.0', port=8000)
```

（7）将此文件保存为 main.py。要运行服务器，可以打开一个新终端，然后使用以下命令。

```
python main.py
```

服务器将侦听运行它的系统的所有传入 IP。这是通过在 0.0.0.0 IP 上运行它来实现的。如果希望稍后在基于云的服务器上部署脚本，那么这是必需的。不指定 0.0.0.0 主机会默认监听 127.0.0.1，不适合部署在公共服务器上。有关这些地址之间差异的更多信息，请访问以下网址。

https://xprilion.com/difference-between-localhost-127.0.0.1-and-0.0.0.0/

下一节将讨论如何将 ReCaptcha 集成到之前构建的应用程序中，然后将本节构建的 API 集成到应用程序中。

6.6 实现 ReCaptcha 以防止垃圾邮件

要为 Firebase 身份验证增加另一层安全性，可以使用 ReCaptcha。这是 Google 支持的一项测试，可帮助我们保护数据，免受垃圾邮件和自动化机器人的侵害。该项测试很简单，人类可以轻松解决，但会阻碍机器人和恶意用户。

ℹ 注意:

要了解有关 ReCaptcha 及其用途的更多信息，请访问以下网址。

https://support.google.com/recaptcha/?hl=en

6.6.1　关于 ReCaptcha v2

本节将把 ReCaptcha 版本 2 集成到应用程序中。在这个版本中，用户会看到一个简单的复选框。如果对勾变为绿色，则用户已通过验证。

此外，我们还可以向用户提出区分人类和机器人的挑战。这个挑战很容易被人类解决；他们需要做的就是根据说明选择一堆图像。使用 ReCaptcha 进行身份验证的传统流程如图 6-10 所示。

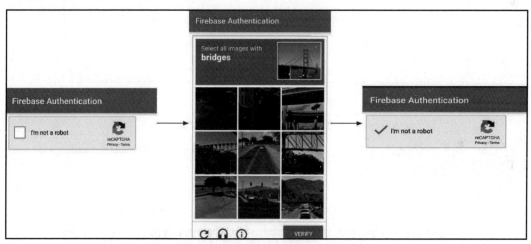

图 6-10

一旦用户能够验证其身份，就可以成功登录。

6.6.2　获取 API 密钥

要在应用程序中使用 ReCaptcha，需要在 Google reCAPTCHA 管理控制台中注册应用程序并获取站点密钥和秘密密钥。请访问以下网址并注册应用程序。

https://www.google.com/recaptcha/admin

导航到 Register a new site（注册新站点）部分，如图 6-11 所示。

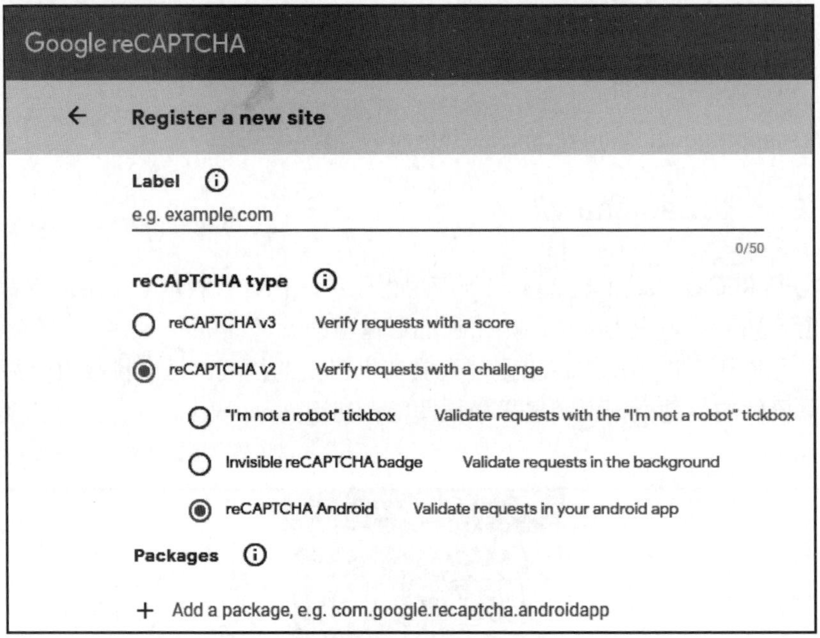

图 6-11

可通过以下两个简单的步骤获取 API 密钥。

（1）提供一个域名，然后在 reCAPTCHA v2 下选择 reCAPTCHA Android。

（2）在选择 Android 版本之后，添加项目的软件包名称。当正确填写所有信息后，单击 Register（注册）。

这将引导你进入显示站点密钥和秘密密钥的界面，如图 6-12 所示。

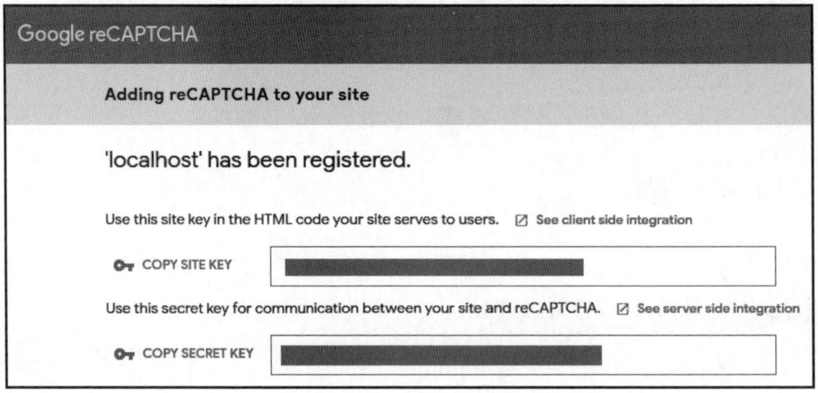

图 6-12

将 SITE KEY（站点密钥）和 SECRET KEY（秘密密钥）复制并保存到安全位置。在编写应用程序时将需要使用它们。

6.6.3　代码集成

为了在应用程序中包含 ReCaptcha v2，可使用 Flutter 包，即 flutter_recaptcha_v2。

首先将 flutter_recaptcha_v2:0.1.0 依赖项添加到 pubspec.yaml 文件，然后在终端中运行以下命令以获取所需的依赖项。

```
flutter packages get
```

集成的详细步骤如下。

（1）将代码添加到 signup_signin_screen.dart。首先导入依赖项。

```
import 'package:flutter_recaptcha_v2/flutter_recaptcha_v2.dart';
```

（2）创建一个 RecaptchaV2Controller 实例。

```
RecaptchaV2Controller recaptchaV2Controller = RecaptchaV2Controller();
```

（3）reCAPTCHA 复选框将作为小部件添加。首先，让我们定义一个返回小部件的 _createRecaptcha()方法。

```
Widget _createRecaptcha() {
    return RecaptchaV2(
        apiKey: "Your Site Key here",
        apiSecret: "Your API Key here",
        controller: recaptchaV2Controller,
        onVerifiedError: (err){
            print(err);
        },
        onVerifiedSuccessfully: (success) {
            setState(() {
                if (success) {
                    _signinSignup();
                } else {
                    print('Failed to verify');
                }
            });
        },
    );
}
```

在上面的方法中，仅使用了 RecaptchaV2()构造函数，为特定属性指定值，在 apiKey 和 apiSecret 属性中添加之前注册时保存的站点密钥和秘密密钥。

我们还使用了早先为属性控制器创建的 Recaptcha 控制器实例 recaptchaV2Controller。如果用户验证成功，则调用_signinSignup()方法使用户能够登录。如果在验证过程中发生错误，则打印错误。

（4）由于 reCaptcha 应该在用户尝试登录时出现，因此可在 createSigninButton()内将 RaisedButton 按钮的 onPressed 属性修改为 recaptchaV2Controller。

```
Widget _createSigninButton() {
    . . . . . . .
    return new Padding(
        . . . . . . .
        child: new RaisedButton(
            . . . . . . .
            // 修改 onPressed 属性
            onPressed: recaptchaV2Controller.show
        )
    )
}
```

（5）最后在 build()内将_createRecaptcha()添加到 Stack 的主体。

```
@override
Widget build(BuildContext context) {
    . . . . . . .
    return new Scaffold(
        . . . . . . .
        body: Stack(
            children: <Widget>[
                _createBody(),
                _createCircularProgress(),

                // 添加 reCAPTCHA 小部件
                _createRecaptcha()
            ],
        )
    );
}
```

ReCaptcha 的实现至此结束，我们在 Firebase 身份验证之上又多了一个安全级别，以保护应用程序的数据免受自动化机器人的攻击。

接下来，让我们看看如何集成自定义模型以检测恶意用户。

6.7　在 Flutter 中部署模型

此时，我们的 Firebase 身份验证应用程序与 ReCaptcha 保护一起运行。现在让我们添加最后一层安全措施，不允许任何恶意用户进入应用程序。

我们已经知道自定义模型托管在以下端点。

http://34.67.126.237:8000/login

因此，我们将从应用程序内部调用 API，传入用户提供的电子邮件和密码，并从模型中获取结果值。然后使用它比较阈值来判断登录是否为恶意。

如果该值小于 0.20，则登录将被视为恶意登录，此时屏幕上显示的消息如图 6-13 所示。

图 6-13

可以看到，图 6-13 屏幕底部显示了红色的消息：Malicious user detected. Please try again later（检测到恶意用户。请稍后再试）。

要在 Flutter 应用程序中部署模型，请按以下步骤操作。

（1）由于获取数据要使用网络调用（即 HTTP 请求），因此需要在 pubspec.yaml 文件中添加一个 http 依赖项的导入语句，示例代码如下。

```
import 'package:http/http.dart' as http;
```

（2）在 auth.dart 定义的 BaseAuth 抽象类中添加以下函数声明。

```
Future<double> isValidUser(String email, String password);
```

（3）在 Auth 类中定义 isValidUser()函数。

```
Future<double> isValidUser(String email, String password) async{
    final response = await http.Client()
      .get('http://34.67.160.232:8000/login?user=$email&password=
      $password');
    var jsonResponse = json.decode(response.body);
    var val = '${jsonResponse["result"]}';
    double result = double.parse(val);
    return result;
}
```

此函数接受用户的电子邮件和密码作为参数，并将它们追加到请求 URL，以便为特定用户生成输出。

get request 的响应存储在变量 response 中。由于该响应是 JSON 格式，因此可使用 json.decode()对其进行解码，并将解码后的响应存储到另一个变量中。

现在使用'${jsonResponse["result"]}'访问 jsonResponse 中结果的值,使用 double.parse() 将其强制转换为 double 类型的整数，并将其存储在结果中。最后，返回该结果的值。

（4）为了激活代码内部的恶意检测功能，可从 SigninSignupScreen 调用 isValidUser() 方法。当使用现有账户的用户选择从 if-else 块内登录时，将调用此方法。

```
if (_formMode == FormMode.SIGNIN) {

    var val = await widget.auth.isValidUser(_usermail, _userpassword);

    . . . .
} else {
    . . . .
}
```

可以看到，isValidUser 返回的值将存储在 val 变量中。

（5）如果该值小于 0.20，则表示登录活动是恶意的。因此，我们抛出一个异常并在

catch 块中捕获它，同时在屏幕上显示错误消息。这可以通过创建自定义异常类 MalicousUserException 来完成，该类在实例化时将返回错误消息。

```
class MaliciousUserException implements Exception {
    String message() => 'Malicious login! Please try later.';
}
```

（6）在调用 isValidUser()之后添加一个 if 块来检查是否需要抛出异常。

```
var val = await widget.auth.isValidUser(_usermail, _userpassword);
// 添加 if 块
if(val < 0.20) {
    throw new MaliciousUserException();
}
```

（7）现在，异常被捕获在 catch 块中，并且不允许用户继续登录。另外，可以将_loading 设置为 false 以表示不需要进一步的网络操作。

```
catch(MaliciousUserException) {
    setState(() {
        _loading = false;
        _errorMessage = 'Malicious user detected. Please try again later.';
    });
}
```

Flutter 中的模型部署操作至此结束。我们之前基于 Firebase 身份验证创建的 Flutter 应用程序现在可以通过在后台运行的智能模型找到恶意用户。

6.8　小　　结

本章详细介绍了如何使用 Flutter 和 Firebase 提供的身份验证系统构建跨平台应用程序，同时还结合了深度学习的优势。我们阐释了身份验证中的异常检测（如黑客尝试登录的异常行为），并创建了一个模型来对这些异常进行分类以防止恶意用户登录。

最后，我们还介绍了 Google 的 ReCaptcha，该项测试可以有效阻止垃圾邮件和自动机器人，防范黑客的脚本攻击。

第 7 章将探索一个非常有趣的项目——在移动应用程序上使用深度学习模型生成音乐。

第 7 章　语音/多媒体处理——使用 AI 生成音乐

人工智能（AI）的应用越来越广，将 AI 与音乐结合起来的想法已经存在了很长时间，并且已经得到了广泛的研究支持。由于音乐是一系列音符，因此它是时间序列数据集的经典示例。时间序列数据集已被证明在许多预测领域非常有用——股票市场、天气模式、销售模式和其他基于时间的数据集。

循环神经网络（recurrent neural network，RNN）是最适于处理时间序列数据集的模型之一。对 RNN 进行的一种流行增强称为长短期记忆（long short term memory，LSTM）神经元。本章就将使用 LSTM 来处理音符。

多媒体处理并不是一个新话题，本书前面已有多个章节详细介绍了图像处理。本章也将讨论图像处理，但是又会超脱这个主题，为读者提供音频深度学习的示例。我们将训练 Keras 模型来生成音乐样本，每次都会生成一个新样本。

最后，我们将在 Android 和 iOS 设备上部署 Flutter 应用程序，该程序可使用训练好的模型生成音频并播放。

本章涵盖以下主题。

❑　设计项目架构。

❑　理解多媒体处理。

❑　开发基于 RNN 的音乐生成模型。

❑　在 Android 和 iOS 上部署音频生成 API。

让我们从项目的架构设计开始。

7.1　设计项目的架构

本章项目与部署为应用程序的常规深度学习项目的架构略有不同，我们将有两组不同的音乐样本。第一组样本将用于训练可以生成音乐的 LSTM 模型；另一组样本则用作 LSTM 模型的随机输入，该模型将输出生成的音乐样本。

本章开发和使用的基于 LSTM 的模型将部署在 Google 云平台（Google Cloud Platform，GCP）上。当然，读者也可以将其部署在 AWS 或自己选择的任何其他主机上。

图 7-1 总结了将在本章项目中使用的不同组件之间的交互。

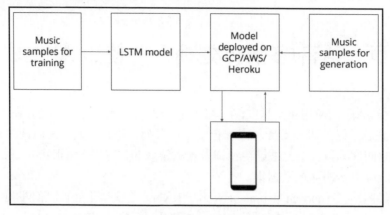

图 7-1

原　　　文	译　　　文
Music samples for training	用于训练的音乐样本
LSTM model	LSTM 模型
Model deployed on GCP/AWS/Heroku	在 GCP/AWS/Heroku 上部署的模型
Music samples for generation	用于生成的音乐样本

　　移动应用程序要求部署在服务器上的模型生成新的音乐样本。该模型使用随机音乐样本作为输入，通过将其传递给预先训练过的模型来生成新的音乐样本。然后移动设备获取新的音乐样本并播放给用户。

　　该架构与我们之前讨论的常规深度学习架构不同，如果是常规深度学习架构，则应该有一组用于训练的数据样本，然后将模型部署在云端或本地，并用于做出预测。

　　我们也可以修改此项目架构，以在拥有为 Dart 语言编写的 MIDI 文件处理库的情况下按本机方式部署模型。但是，截至本文撰写时，还没有这样的稳定库与本项目所使用的 Python MIDI 文件库兼容。

　　接下来，我们将首先了解一下什么是多媒体处理，以及如何使用 OpenCV 来处理多媒体文件。

7.2　理解多媒体处理

　　多媒体是几乎所有形式的视觉、听觉或两者兼而有之的内容的统称。术语多媒体处理（multimedia processing）本身是非常模糊的。讨论这个术语的更准确方式是将其分解为两个基本部分——视觉或听觉。因此，我们将从多媒体处理的两个组成部分——图像处理和音频处理——来讨论多媒体处理。这两个组成部分的混合产生了视频处理，但它也只是多媒体处理的一种形式。

下面将以不同的形式进行讨论。

7.2.1　图像处理

图像处理或计算机视觉是迄今为止人工智能研究最多的分支之一。在过去的几十年里，它发展迅速，并在多项技术的进步中发挥了重要作用，主要包括以下几种。

- ❏　图像滤波器（Filter）和编辑器。
- ❏　面部识别。
- ❏　数字制图。
- ❏　自动驾驶汽车。

在之前的项目中，我们讨论了图像处理的基础知识。本项目将讨论一个非常流行的图像处理库——OpenCV。

OpenCV 是开源计算机视觉（open source computer vision）的缩写。它由 Intel 开发，由 Willow Garage 和 Itseez（后来被 Intel 收购）推进。毫无疑问，由于它与所有主要的机器学习框架（如 TensorFlow、PyTorch 和 Caffe）兼容，因此是全球大多数开发人员执行图像处理的首要选择。除此之外，OpenCV 还支持多种语言，如 C++、Java 和 Python。

要在 Python 环境中安装 OpenCV，可使用以下命令。

```
pip install opencv-contrib-python
```

🛈 注意：

上面的命令可安装主要的 OpenCV 模块和 contrib 模块。读者可以访问以下网址选择更多的模块。

https://docs.opencv.org/master/

更多安装说明，可参考以下官方文档。

https://docs.opencv.org/master/df/d65/tutorial_table_of_content_introduction.html

让我们通过一个非常简单的示例来了解一下如何使用 OpenCV 执行图像处理。

创建一个新的 Jupyter Notebook 并执行以下操作步骤。

（1）要将 OpenCV 导入 Notebook，请使用以下代码行。

```
import cv2
```

（2）将 Matplotlib 导入 Notebook，因为如果你尝试使用原生 OpenCV 图像显示函数，Jupyter Notebook 会崩溃。

```
from matplotlib import pyplot as plt
%matplotlib inline
```

（3）使用 Matplotlib 创建一个函数以取代 OpenCV 原生的图片显示函数，方便在 Notebook 中显示图片。

```
def showim(image):
    image = cv2.cvtColor(image, cv2.COLOR_BGR2RGB)
    plt.imshow(image)
    plt.show()
```

请注意，我们将图像的配色方案从蓝绿红（BGR）转换为 RGB（红绿蓝）。这是因为 OpenCV 默认使用 BGR 配色方案，但是 Matplotlib 在显示图片时使用的是 RGB 方案，如果没有这种转换，图像的颜色会显得很奇怪。

（4）将图像读入 Jupyter Notebook，完成后即可看到加载的图像。

```
image = cv2.imread("Image.jpeg")
showim(image)
```

上述代码的输出取决于你选择加载到 Notebook 中的图像，如图 7-2 所示。

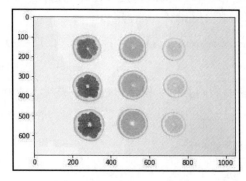

图 7-2

在图 7-2 示例中，我们加载了柑橘类水果切片的图像，该图像来源于 Unsplash 图库，拍摄者是 Isaac Quesada。

ℹ 注意：

上述图像网址如下。

https://unsplash.com/photos/6mw7bn9k9jw

（5）我们可以对上面的图像简单处理一下，将其转换为灰度图像。为此，只需使用在 showim()函数中声明的转换方法。

```
gray_image = cv2.cvtColor(image, cv2.COLOR_BGR2GRAY)
showim(gray_image)
```

这会产生如图 7-3 所示的输出。

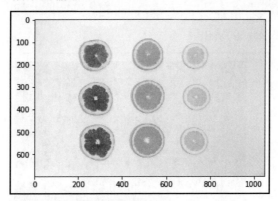

图 7-3

（6）现在让我们执行另一个常见的操作：图像模糊。图像处理操作经常采用模糊处理的方式，以去除图像中不必要的细节信息。我们将使用高斯模糊滤波器（滤镜），这是在图像上创建模糊的最常见算法之一。

```
blurred_image = cv2.GaussianBlur(image, (7, 7), 0)
showim(blurred_image)
```

这会产生如图 7-4 所示的输出。

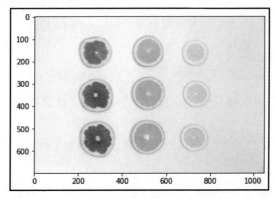

图 7-4

请注意，图 7-4 中的图像不如原始图像清晰。但是，它很容易满足计算此图像中对象数量的目的。

（7）为了定位图像中的对象，首先需要标记图像中的边缘。为此，可以使用 Canny() 方法，这是 OpenCV 中用于查找图像边缘的选项之一。

```
canny = cv2.Canny(blurred_image, 10, 50)
showim(canny)
```

这会产生如图 7-5 所示的输出。

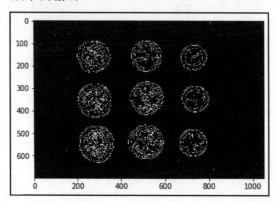

图 7-5

可以看到，图 7-5 中有大量的边缘。虽然这显示了图像的细节，但它对于计算边缘并尝试确定图像中的对象数量来说作用并不大。

（8）让我们尝试计算一下图 7-5 中不同项目的数量。

```
contours, hierarchy= cv2.findContours(canny, cv2.RETR_EXTERNAL,
cv2.CHAIN_APPROX_SIMPLE)
print("Number of objects found = ", len(contours))
```

上述代码将产生以下输出。

```
Number of objects found = 18
```

但是，图 7-5 中并没有 18 个对象，只有 9 个。因此，在寻找边缘时可尝试使用 Canny 方法中的阈值。

（9）在 Canny 方法中增加边缘查找的阈值。这使得边缘更难被检测到，因此只保留最显著的边缘可见。

```
canny = cv2.Canny(blurred_image, 50, 150)
showim(canny)
```

这会产生如图 7-6 所示的输出。

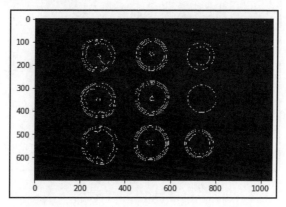

图 7-6

可以看到，在柑橘类水果体内发现的边缘急剧减少，只留下它们的轮廓突出可见。在计数时这将产生较少的对象。

（10）再次运行以下块。

```
contours, hierarchy= cv2.findContours(canny, cv2.RETR_EXTERNAL,
cv2.CHAIN_APPROX_SIMPLE)
print("Number of objects found = ", len(contours))
```

这会产生以下输出。

```
Number of objects found = 9
```

这符合我们预期的值。

（11）尝试勾勒出检测到的对象。这可以通过绘制在 findContours()方法中确定的轮廓来实现。

```
_ = cv2.drawContours(image, contours, -1, (0,255,0), 10)
showim(image)
```

这会产生如图 7-7 所示的输出结果。

可以看到，我们已经非常准确地识别了原始图像中拍摄的 9 片水果。可以进一步扩展此示例以在任何图像中查找某些类型的对象。

ℹ️ **注意：**

要了解有关 OpenCV 的更多信息并找到一些可供学习的现成示例，请访问以下存储库。

https://github.com/ayulockin/myopenCVExperiments

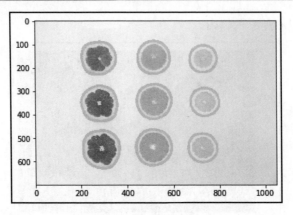

图 7-7

接下来，我们将学习如何处理音频文件。

7.2.2　音频处理

前文我们已经讨论了如何处理图像以及从中提取信息。本节将介绍音频文件的处理。

音频或声音是一种能融入你周围环境的东西。在许多情况下，人们可从某个环境的声音背景片段中正确预测该区域或环境，而无须真正用眼睛去看。

声音形式或语音中的音频是人与人之间的一种交流形式。排列整齐的节奏模式的音频称为音乐，可以使用乐器产生。

一些流行的音频文件格式如下。

- ❑ MP3：一种非常流行的格式，广泛用于共享音乐文件。
- ❑ AAC：对 MP3 格式的改进，AAC 主要用于 Apple 设备。
- ❑ WAV：由 Microsoft 和 IBM 创建，属于无损压缩格式，即使很小的音频文件其容量也可能非常大。
- ❑ MIDI：这是乐器数字接口（musical instrument digital interface）文件，实际上不包含音频。它们仅包含乐器的音符，因此体积小且易于使用。

音频处理是以下技术发展的必要条件。

- ❑ 基于语音的用户界面或智能助手的语音处理。
- ❑ 虚拟助手的语音生成。
- ❑ 音乐生成。
- ❑ 字幕生成。
- ❑ 类似音乐的推荐。

由 TensorFlow 团队开发的 Magenta 是一个非常流行的音频处理工具。

ⓘ 注意：

Magenta 允许快速生成音频和音频转录文件。其网址如下。

https://magenta.tensorflow.org/

接下来，我们将详细介绍 Magenta。

7.2.3 Magenta

Magenta 是作为 Google Brain 团队研究的一部分而被开发的，该团队也参与了 TensorFlow 的开发。Magenta 被视为一种工具，允许艺术家在深度学习和强化学习算法的帮助下增强他们的音乐或艺术生成管道。Magenta 的标志如图 7-8 所示。

图 7-8

我们从以下步骤开始。

（1）要在系统上安装 Magenta，可以使用 Python 的 pip 存储库。

```
pip install magenta
```

（2）如果缺少依赖项，可以使用以下命令安装它们。

```
!apt-get update -qq && apt-get install -qq libfluidsynth1 fluid-
soundfont-gm build-essential libasound2-dev libjack-dev
```

```
!pip install -qU pyfluidsynth pretty_midi
```

（3）要将 Magenta 导入到项目中，可使用以下命令。

```
import magenta
```

或者，按照流行惯例，只加载 Magenta 的音乐部分，则可以使用以下命令。

```
import magenta.music as mm
```

在网上可以找到很多使用上述导入的示例。

现在可以快速创建一些音乐。例如，我们可以创建一些鼓声，然后将其保存到 MIDI 文件中。其操作步骤如下。

（1）创建一个 NoteSequence 对象。在 Magenta 中，所有音乐都以音符序列（Note Sequence）的格式存储，这类似于 MIDI 存储音乐的方式。

```
from magenta.protobuf import music_pb2

drums = music_pb2.NoteSequence()
```

（2）创建 NoteSequence 对象后，该对象为空，因此需要向其添加一些音符。

```
drums.notes.add(pitch=36, start_time=0, end_time=0.125,
is_drum=True, instrument=10, velocity=80)
drums.notes.add(pitch=38, start_time=0, end_time=0.125,
is_drum=True, instrument=10, velocity=80)
drums.notes.add(pitch=42, start_time=0, end_time=0.125,
is_drum=True, instrument=10, velocity=80)
drums.notes.add(pitch=46, start_time=0, end_time=0.125,
is_drum=True, instrument=10, velocity=80)
.
.
.
drums.notes.add(pitch=42, start_time=0.75, end_time=0.875,
is_drum=True, instrument=10, velocity=80)
drums.notes.add(pitch=45, start_time=0.75, end_time=0.875,
is_drum=True, instrument=10, velocity=80)
```

请注意，在前面的代码中，每个音符都有一个音高（pitch）和力度（velocity）。这同样和 MIDI 文件类似。

（3）为音符添加速度（tempo）并设置音乐播放的总时间。

```
drums.total_time = 1.375
drums.tempos.add(qpm=60)
```

完成此操作后，即可导出 MIDI 文件。

（4）将 Magenta NoteSequence 对象转换为 MIDI 文件。

```
mm.sequence_proto_to_midi_file(drums, 'drums_sample_output.mid')
```

　　上述代码首先将音符序列转换为 MIDI，然后将它们写入磁盘的 drums_sample_output.mid 文件中。现在可以使用任何合适的音乐播放器来播放该 MIDI 文件。

　　接下来，让我们探索如何处理视频。

7.2.4　视频处理

　　视频处理是多媒体处理的另一个重要部分。通常而言，我们需要了解移动场景中发生的事情。例如，如果我们正在开发一个自动驾驶系统，那么它需要实时处理大量移动场景视频才能平稳行驶。另一个例子是将手语转换为文本的设备，它可以帮助人们与语言障碍者进行互动。此外，视频处理还常用于创建电影和运动效果。

　　本节将再次讨论 OpenCV。但是，这一次我们将演示如何使用 OpenCV 检测实时摄像头画面中的人脸。

　　创建一个新的 Python 脚本并执行以下操作步骤。

　　（1）为脚本执行必要的导入操作。这很简单，因为本示例只要导入 OpenCV 模块即可。

```
import cv2
```

　　（2）将 Haar 级联模型加载到脚本中。Haar 级联算法（Haar cascade algorithm）是一种用于检测任何给定图像中的对象的算法。由于视频只不过是图像流，因此可将其分解为一系列帧并检测其中的人脸。

```
faceCascade =
cv2.CascadeClassifier("haarcascade_frontalface_default.xml")
```

　　你必须从以下位置获取 haarcascade_frontalface_default.xml 文件。

https://github.com/opencv/opencv/blob/master/data/haarcascades/haarcascade_frontalface_default.xml

ℹ️ **注意：**

　　Haar 级联算法是一类使用级联函数进行分类的分类器算法。它是由 Paul Viola 和 Michael Jones 提出的，他们试图构建一个足够快的对象检测算法，可以在低端设备上运行。级联函数池来自几个较小的分类器。

　　Haar 级联文件一般采用可扩展标记语言（eXtensible markup language，XML）格式，通常执行一项特定功能，如人脸检测、身体姿势检测、物体检测等。有关 Haar 级联算法的更多信息，可访问以下网址。

http://www.willberger.org/cascade-haar-explained/

（3）现在必须实例化摄像头以进行视频捕获。例如，我们可以使用默认的笔记本电脑摄像头。

```
video_capture = cv2.VideoCapture(0)
```

（4）从视频中捕获帧并显示它们。

```
while True:
    # 捕获帧
    ret, frame = video_capture.read()

    ### 在以后的步骤中将添加以下代码

    ### 在以后的步骤中将添加以上代码

    # 显示结果帧
    cv2.imshow('Webcam Capture', frame)

    if cv2.waitKey(1) & 0xFF == ord('q'):
        break
```

这将允许你在屏幕上显示实时视频画面。请注意，在运行此代码之前，需要释放摄像头（即摄像头不能被占用）并正确关闭窗口。

（5）要正确关闭实时捕获，可使用以下命令。

```
video_capture.release()
cv2.destroyAllWindows()
```

现在可以测试一下你的脚本。

你应该看到一个窗口，其中包含你脸部的实时捕获画面。

（6）让我们为这个视频源添加人脸检测功能。由于用于人脸检测的 Haar 级联算法对灰度图像效果更好，因此可以先将每一帧转换为灰色，然后对其进行人脸检测。

需要将这段代码添加到 while 循环中，示例代码如下。

```
### 在以后的步骤中将添加以下代码

gray = cv2.cvtColor(frame, cv2.COLOR_BGR2GRAY)

faces = faceCascade.detectMultiScale(
    gray,
    scaleFactor=1.1,
    minNeighbors=5,
    minSize=(30, 30),
```

```
    flags=cv2.CASCADE_SCALE_IMAGE
)
```

在以后的步骤中将添加以上代码

有了该代码之后，即可检测到人脸，接下来要做的就是在视频源上标记它们。

（7）可以简单地使用 OpenCV 的矩形绘制功能在屏幕上标记人脸。

```
minNeighbors=5,
    minSize=(30, 30),
    flags=cv2.CASCADE_SCALE_IMAGE
for (x, y, w, h) in faces:
    cv2.rectangle(frame, (x, y), (x+w, y+h), (0, 255, 0), 2)
```

在以后的步骤中将添加以上代码

现在可再次尝试运行脚本。

转到终端并使用以下命令运行脚本。

```
python filename.py
```

此处，filename 是你保存脚本文件时的名称。

此时的输出结果应该类似图 7-9。

图 7-9

要退出实时网络摄像头捕获，可以按 Q 键（已在前面的代码中设置）。

在理解了多媒体处理的 3 种主要形式之后，我们可以构建基于长短期记忆（LSTM）的音乐生成模型。

7.3 开发基于 RNN 的音乐生成模型

本节将开发音乐生成模型。为此我们将使用循环神经网络（RNN），并使用长短期记忆（LSTM）神经元模型。和简单的人工神经网络（artificial neural network，ANN）相比，RNN 有一个重要的区别——它允许在层之间重用输入。

在简单的 ANN 中，我们希望输入到神经网络的输入值向前移动，然后产生基于错误的反馈，再将其合并到网络权重中，而 RNN 则可以使输入多次循环返回到先前的层。

图 7-10 是 RNN 神经元的示意图。

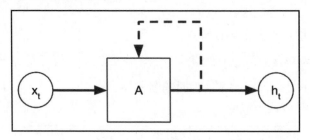

图 7-10

从图 7-10 中可以看出，经过神经元中的激活函数（activation function）后，输入值分为两部分。一部分在网络中向前移动到下一层或输出，另一部分则被反馈到网络中。在时间序列数据集中，每个样本都可以相对于给定样本在时间 t 处进行标记，可以将图 7-10 展开为图 7-11 所示。

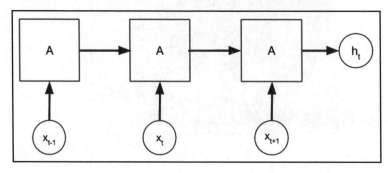

图 7-11

　　当然，由于通过激活函数重复传输值，RNN 很可能会出现梯度消失（gradient vanishing）的问题，即 RNN 的值逐渐变小，直至可以忽略不计；或者可能出现梯度爆炸（gradient explosion）的问题，即 RNN 的值越来越大。

　　为了避免这两种情况，研究人员引入了长短期记忆（LSTM）单元，它允许将信息存储在单元中，以将信息保留更长的时间。每个 LSTM 单元由 3 个门（Gate）和 1 个记忆单元（memory cell）组成。3 个门——输入门、输出门和遗忘门——负责决定存储单元中存储的值。

　　因此，LSTM 单元变得独立于 RNN 其余部分的更新频率，并且每个单元都有自己的时间来记住它所持有的值。就人类而言，某些信息记得很牢靠，而某些信息则转眼就忘，因此，LSTM 的这种设计更接近于自然。

🛈 注意：

有关 RNN 和 LSTM 的详细解释，可访问以下网址。

https://skymind.ai/wiki/lstm

在开始为项目构建模型之前，我们需要设置项目的目录，示例如下。

```
├──   app.py
├──   MusicGenerate.ipynb
├──   Output/
└──   Samples/
      ├──   0.mid
      ├──   1.mid
      ├──   2.mid
      └──   3.mid
```

　　可以看到，我们已在 Samples 文件夹中下载了 4 个 MIDI 文件样本。然后，创建了 MusicGenerate.ipynb Jupyter Notebook。在接下来的步骤中，我们将只在这个 Jupyter Notebook 上工作。app.py 脚本当前为空，将来可使用它托管模型。

　　接下来，我们开始创建基于 LSTM 的音乐生成模型。

7.3.1　创建基于 LSTM 的模型

本节将在 Jupyter Notebook 环境中处理 MusicGenerate.ipynb Notebook。

（1）在该 Notebook 中需要导入相当多的模块。示例如下。

```
import mido
from mido import MidiFile, MidiTrack, Message
```

```
from tensorflow.keras.layers import LSTM, Dense, Activation,
Dropout, Flatten
from tensorflow.keras.preprocessing import sequence
from tensorflow.keras.models import Sequential
from tensorflow.keras.optimizers import Adam
from sklearn.preprocessing import MinMaxScaler
import numpy as np
```

可以看到，上述代码导入了 mido 库。如果你的系统尚未安装它，则可以使用以下命令进行安装。

```
pip install mido
```

请注意，在前面的代码中，我们还导入了 Keras 模块和子部分。本项目使用的 TensorFlow 版本为 2.0。为了在你的系统上安装相同的版本或升级当前的 TensorFlow，可以使用以下命令。

```
pip install --upgrade pip
```

```
pip install --upgrade tensorflow
```

完成准备工作之后，现在需要读入样本文件。

（2）要将 MIDI 文件读入项目 Notebook，请使用以下代码。

```
notes = []
for msg in MidiFile('Samples/0.mid') :
    try:
        if not msg.is_meta and msg.channel in [0, 1, 2, 3] and
msg.type == 'note_on':
            data = msg.bytes()
            notes.append(data[1])
    except:
        pass
```

这会加载 notes 列表中通道 0、1、2 和 3 的所有开场音符（opening note）。

ℹ 注意：

要了解有关音符、消息和通道的更多信息，可访问以下文档。

https://mido.readthedocs.io/en/latest/messages.html

（3）由于音符的变化范围大于 0～1，因此可使用以下代码将它们缩放以纳入共同范围。

```
scaler = MinMaxScaler(feature_range=(0,1))
scaler.fit(np.array(notes).reshape(-1,1))
notes = list(scaler.transform(np.array(notes).reshape(-1,1)))
```

（4）我们拥有的实际上是随时间排列的音符列表，需要将其转换为时间序列数据集格式。为此，可使用以下代码来转换列表。

```
notes = [list(note) for note in notes]

X = []
y = []

n_prev = 20
for i in range(len(notes)-n_prev):
    X.append(notes[i:i+n_prev])
    y.append(notes[i+n_prev])
```

我们已将数据转换为一个集合，其中每个样本都有未来的 20 个音符，在数据集的末尾，还有过去的 20 个音符。这可以按以下方式工作——假设有 5 个样本，M_1、M_2、M_3、M_4 和 M_5，将它们排列成 2 的配对（类似于我们说的 20），如下所示。

M_1 M_2

M_2 M_3

M_3 M_4

诸如此类。

（5）使用 Keras 创建 LSTM 模型，示例如下。

```
model = Sequential()
model.add(LSTM(256, input_shape=(n_prev, 1),
return_sequences=True))
model.add(Dropout(0.3))
model.add(LSTM(128, input_shape=(n_prev, 1),
return_sequences=True))
model.add(Dropout(0.3))
model.add(LSTM(256, input_shape=(n_prev, 1),
return_sequences=False))
model.add(Dropout(0.3))
model.add(Dense(1))
model.add(Activation('linear'))
optimizer = Adam(lr=0.001)
model.compile(loss='mse', optimizer=optimizer)
```

你可以随意尝试设置这个 LSTM 模型的超参数。

（6）将训练样本拟合到模型并保存模型文件。

```
model.fit(np.array(X), np.array(y), 32, 25, verbose=1)
model.save("model.h5")
```

这将在项目的目录中创建 model.h5 文件。每次用户从应用程序发出生成音乐的请求时，我们都会将此文件与其他音乐样本一起使用，以随机生成新乐曲。

接下来，我们将使用 Flask 服务器部署该模型。

7.3.2 　使用 Flask 部署模型

对于项目的这一部分，读者可以使用本地系统或将脚本部署在 app.py 其他地方。我们将编辑此文件以创建一个 Flask 服务器，该服务器将生成音乐并允许下载生成的 MIDI 文件。

该文件中的一些代码将类似于 Jupyter Notebook，因为音频样本在每次加载并与我们生成的模型一起使用时总是需要类似的处理。

（1）使用以下代码将所需的模块导入到此脚本中。

```
import mido
from mido import MidiFile, MidiTrack, Message
from tensorflow.keras.models import load_model
from sklearn.preprocessing import MinMaxScaler
import numpy as np
import random
import time
from flask import send_file
import os
from flask import Flask, jsonify

app = Flask(__name__)
```

请注意，上述代码中的最后 4 个导入与我们之前在 Jupyter Notebook 中的导入是不一样的。此外，我们不需要将几个 Keras 组件导入到这个脚本中，因为我们将从一个已经准备好的模型加载。

在上一个代码块的最后一行代码中，我们实例化了一个名为 app 的 Flask 对象。

（2）在这一步中，我们将创建一个函数的第一部分，该函数将在 API 上调用/generate 路由时生成新的音乐样本。

```
@app.route('/generate', methods=['GET'])
def generate():
```

```
songnum = random.randint(0, 3)

### 更多代码（略）
```

（3）一旦已经按随机方式决定在音乐生成过程中使用哪个样本文件，就需要对其进行与 Jupyter Notebook 中的训练样本类似的转换。

```
def generate():
    .
    .
    .
    notes = []

    for msg in MidiFile('Samples/%s.mid' % (songnum)):
        try:
            if not msg.is_meta and msg.channel in [0, 1, 2, 3] and
msg.type == 'note_on':
                data = msg.bytes()
                notes.append(data[1])
        except:
            pass

    scaler = MinMaxScaler(feature_range=(0, 1))
    scaler.fit(np.array(notes).reshape(-1, 1))
    notes = list(scaler.transform(np.array(notes).reshape(-1, 1)))

    ### 更多代码（略）
```

在上面的代码块中，我们加载了示例文件，并提取了其音符。使用的通道与训练过程中使用的通道是一样的。

（4）现在将像训练期间一样缩放音符。

```
def generate():
    .
    .
    .
    notes = [list(note) for note in notes]

    X = []
    y = []

    n_prev = 20
```

```
    for i in range(len(notes) - n_prev):
        X.append(notes[i:i + n_prev])
        y.append(notes[i + n_prev])

### 更多代码（略）
```

上述代码可将该音符列表转换为适合输入到模型中的形状，就像我们在训练期间对输入所做的一样。

（5）使用以下代码加载 Keras 模型并从模型创建新的音符列表。

```
def generate():
    .
    .
    .
    model = load_model("model.h5")

    xlen = len(X)

    start = random.randint(0, 100)

    stop = start + 200

    prediction = model.predict(np.array(X[start:stop]))
    prediction = np.squeeze(prediction)
    prediction =
np.squeeze(scaler.inverse_transform(prediction.reshape(-1, 1)))
    prediction = [int(i) for i in prediction]

    ### 更多代码（略）
```

（6）使用以下代码将该音符列表转换为 MIDI 序列。

```
def generate():
    .
    .
    .
    mid = MidiFile()
    track = MidiTrack()
    t = 0
    for note in prediction:
        vol = random.randint(50, 70)
        note = np.asarray([147, note, vol])
        bytes = note.astype(int)
```

```
        msg = Message.from_bytes(bytes[0:3])
        t += 1
        msg.time = t
        track.append(msg)
    mid.tracks.append(track)

### 更多代码（略）
```

（7）将文件保存到磁盘。它包含从模型中随机生成的音乐。

```
def generate():
    .
    .
    .
    epoch_time = int(time.time())

    outputfile = 'output_%s.mid' % (epoch_time)
    mid.save("Output/" + outputfile)

    response = {'result': outputfile}

    return jsonify(response)
```

由此，/generate API 将以 JSON 格式返回已生成文件的名称。然后我们可以下载并播放这个文件。

（8）要将文件下载到客户端，可使用以下代码。

```
@app.route('/download/<fname>', methods=['GET'])
def download(fname):
    return send_file("Output/"+fname, mimetype="audio/midi",
as_attachment=True)
```

请注意，上面的函数在/download/<fname>路由上起作用，<fname>指的是客户端根据前面 API 调用的输出给出的文件名。下载的文件有一个 MIME 类型为 audio/midi，它告诉客户端这是一个 MIDI 文件。

（9）添加将执行此服务器的代码。

```
if __name__ == '__main__':
    app.run(host="0.0.0.0", port=8000)
```

完成后，可以在终端中使用以下命令来运行服务器。

```
python app.py
```

如果运行时产生警告，那么你将从控制台获得一些调试信息。

完成上述操作后，即可为 API 构建 Flutter 应用程序客户端。下一节将详细介绍此操作。

7.4　在 Android 和 iOS 上部署音频生成 API

成功创建和部署模型后，即可开始构建移动应用程序。该应用程序将用于获取和播放由之前创建的模型生成的音乐。

它具有以下 3 个按钮。

❑　Generate Music（生成音乐）：生成新的音频文件。

❑　Play（播放）：播放新生成的文件。

❑　Stop（停止）：停止正在播放的音乐。

此外，底部还会有一些文本，用于显示该应用程序的当前状态。

该应用程序的界面如图 7-12 所示。

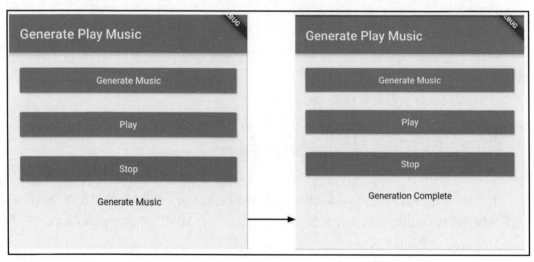

图 7-12

该应用程序的小部件树如图 7-13 所示。

接下来，我们将构建该应用程序的 UI。

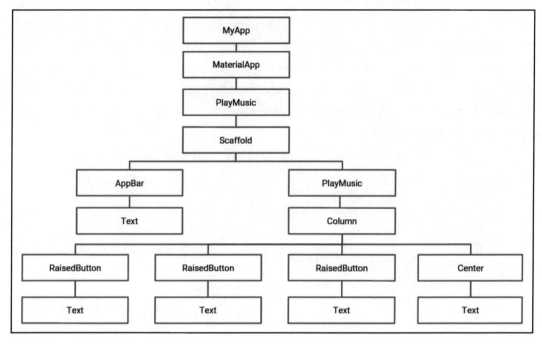

图 7-13

7.4.1 创建 UI

首先创建一个新的 Dart 文件 play_music.dart 和一个有状态小部件 PlayMusic。在此文件中，我们将创建前面所介绍的 3 个按钮，以执行基本功能。

创建 UI 的具体操作步骤如下。

（1）定义一个 buildGenerateButton()方法来创建 RaisedButton 变量，它将用于生成新的音乐文件。

```
Widget buildGenerateButton() {
    return Padding(
        padding: EdgeInsets.only(left: 16, right: 16, top: 16),
        child: RaisedButton(
            child: Text("Generate Music"),
            color: Colors.blue,
            textColor: Colors.white,
        ),
    );
}
```

在上面定义的函数中，我们创建了一个 RaisedButton，并添加了一个文本作为其子元素，这个文本是 Generate Music（生成音乐）。其 color 属性的 Colors.blue 值用于为按钮赋予蓝色。此外，我们将 textColor 修改为 Colors.white，以便按钮内的文本显示为白色。使用 EdgeInsets.only()为按钮提供左侧、右侧和顶部填充。

在后面的操作中，我们将向按钮添加 onPressed 属性，以便在每次按下该按钮时从托管模型中获取新的音乐文件。

（2）定义一个 buildPlayButton()方法来播放新生成的音频文件。

```
Widget buildPlayButton() {
    return Padding(
    padding: EdgeInsets.only(left: 16, right: 16, top: 16),
    child: RaisedButton(
        child: Text("Play"),
        onPressed: () {
            play();
        },
        color: Colors.blue,
        textColor: Colors.white,
        ),
    );
}
```

在上面定义的函数中，我们创建了一个 RaisedButton，其中添加了 Play（播放）文本作为子元素。color 属性的 Colors.blue 值用于为按钮赋予蓝色。此外，将 textColor 属性修改为 Colors.white，以便按钮内的文本显示为白色。使用 EdgeInsets.only()为按钮提供左侧、右侧和顶部填充。

在后面的操作中，我们向按钮添加了 onPressed 属性，以在每次按下该按钮时播放新生成的音乐文件。

（3）定义一个 buildStopButton()方法来停止当前正在播放的音频。

```
Widget buildStopButton() {
    return Padding(
        padding: EdgeInsets.only(left: 16, right: 16, top: 16),
        child: RaisedButton(
            child: Text("Stop"),
            onPressed: (){
                stop();
            },
            color: Colors.blue,
```

```
        textColor: Colors.white,
      )
  );
}
```

在上述函数定义中，我们创建了一个 RaisedButton，其中添加了 Stop（停止播放）文本作为子元素。color 属性的 Colors.blue 值用于为按钮赋予蓝色。此外，将 textColor 属性修改为 Colors.white，以便按钮内的文本显示为白色。使用 EdgeInsets.only() 为按钮提供左侧、右侧和顶部填充。

在后面的操作中，我们向按钮添加了 onPressed 属性，以在每次按下该按钮时停止播放新生成的音乐文件。

（4）覆盖 PlayMusicState 中的 build() 方法以便为先前创建的按钮制作一列。

```
@override
Widget build(BuildContext context) {
   return Scaffold(
      appBar: AppBar(
         title: Text("Generate Play Music"),
      ),
      body: Column(
         crossAxisAlignment: CrossAxisAlignment.stretch,
         children: <Widget>[
            buildGenerateButton(),
            buildPlayButton(),
            buildStopButton(),
         ],
      )
   );
}
```

在上面的代码片段中，返回了一个 Scaffold，它包含一个 AppBar，其 title 为 Generate Play Music（生成播放音乐）。

该 Scaffold 的主体是一个 Column，该列的子项是我们在上一步创建的按钮，通过调用相应的方法可将按钮添加到列中。

此外，crossAxisAlignment 属性被设置为 CrossAxisAlignment.stretch，以便按钮占据父容器（即 Column）的总宽度。

此时的应用程序如图 7-14 所示。

接下来，我们将通过添加一种机制来在应用程序中播放音频文件。

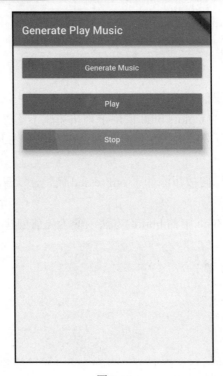

图 7-14

7.4.2　添加音频播放器

创建应用程序的 UI 后，现在可将音频播放器添加到应用程序以播放音频文件。我们将使用 audioplayer 插件添加音频播放器，具体操作步骤如下。

（1）首先将依赖项添加到 pubspec.yaml 文件中。

```
audioplayers: 0.13.2
```

然后通过运行以下命令来获取包。

```
flutter pub get
```

（2）在 play_music.dart 中导入插件。

```
import 'package:audioplayers / audioplayers.dart';
```

（3）在 PlayMusicState 中创建一个 AudioPlayer 实例。

```
AudioPlayer audioPlayer = AudioPlayer();
```

（4）定义一个 play()方法来播放远程可用的音频文件，如下所示。

```
play() async {
    var url = 'http://34.70.80.18:8000/download/output_1573917221.mid';
    int result = await audioPlayer.play(url);
    if (result == 1) {
        print('Success');
    }
}
```

在上述代码中，使用了存储在 url 变量中的示例音频文件。通过传入 url 中的值，可使用 audioPlayer.play()播放音频文件。此外，如果从 url 变量访问并成功播放音频文件，则结果将存储在 result 变量中，该变量的值为 1。

（5）将 onPressed 属性添加到 buildPlayButton 内置的播放按钮中，以便在按下按钮时播放音频文件。

```
Widget buildPlayButton() {
    return Padding(
        padding: EdgeInsets.only(left: 16, right: 16, top: 16),
        child: RaisedButton(
            ....
            onPressed: () {
                play();
            },
            ....
        ),
    );
}
```

在上面的代码片段中，我们添加了 onPressed 属性并调用 play()方法，以便在按下按钮时播放音频文件。

（6）现在可定义 stop()来停止播放音乐。

```
void stop() {
    audioPlayer.stop();
}
```

在 stop()方法中，调用了 audioPlayer.stop()来停止播放音乐。

（7）为 buildStopButton()中内置的停止按钮添加 onPressed 属性。

```
Widget buildStopButton() {
    return Padding(
        padding: EdgeInsets.only(left: 16, right: 16, top: 16),
```

```
        child: RaisedButton(
          ....
          onPressed: (){
              stop();
          },
          ....
        )
    );
}
```

在上面的代码片段中可以看到，onPressed 中添加了对 stop()的调用，以便在按下该按钮后立即停止播放音频。

接下来，我们将使用 Flutter 应用程序部署模型。

7.4.3　部署模型

在向应用程序成功添加基本的播放和停止功能之后，可访问托管模型以生成、获取和播放新的音频文件。

要在应用程序内部访问模型，可按以下步骤操作。

（1）定义 fetchResponse()方法来生成和获取新的音频文件。

```
void fetchResponse() async {
    final response =
        await http.get('http://35.225.134.65:8000/generate');
    if (response.statusCode == 200) {
        var v = json.decode(response.body);
        vfileName = v["result"] ;
    } else {
        throw Exception('Failed to load');
    }
}
```

在上面的代码中，首先使用 http.get()从 API 获取响应并传入托管模型的 URL。get()方法的响应存储在 response 变量中。

当 get()操作完成时，使用 response.statusCode 检查状态代码。如果状态值为 200，则表示获取成功。

接下来，使用 json.decode()将响应主体从原始的 JSON 转换为 Map<String,dynamic>，以便可以轻松访问响应主体中包含的键值对。

这里使用 v["result"]访问新音频文件的值并将其存储在全局变量 fileName 中。如果

responseCode 不是 200，则抛出一个错误。

（2）现在定义 load()以正确调用 fetchResponse()。

```
void load(){
    fetchResponse();
}
```

在上面的代码行中定义了一个 load()方法，该方法可调用 fetchResponse()来获取新生成的音频文件的值。

（3）现在修改 buildGenerateButton()中的 onPressed 属性以生成新的音频文件。

```
Widget buildGenerateButton() {
    return Padding(
        ....
        child: RaisedButton(
            ....
            onPressed: () {
                load();
            },
            ....
        ),
    );
}
```

根据应用程序的功能，每当按下生成音乐的按钮时，都应该生成一个新的音频文件。这意味着每当按下 Generate Music（生成音乐）按钮时，都需要调用 API 来获取新生成的音频文件的名称。因此，我们修改了 buildGenerateButton()以添加 onPressed 属性，以便无论何时按下按钮，它都会调用 load()，然后调用 fetchResponse()并将新音频文件的名称存储在输出中。

（4）托管的音频文件有两部分，即 baseUrl 和 fileName。所有调用的 baseUrl 都保持不变。因此，可声明一个全局字符串变量存储 baseUrl。

```
String baseUrl = 'http://34.70.80.18:8000/download/';
```

回想一下，在步骤（1）中已经将新音频文件的名称存储在 fileName 中。

（5）现在修改 play()来播放新生成的文件。

```
play() async {
    var url = baseUrl + fileName;
    AudioPlayer.logEnabled = true;
    int result = await audioPlayer.play(url);
    if (result == 1) {
```

```
      print('Success');
   }
}
```

在上面的代码片段中，修改了之前定义的 play()方法。通过附加 baseUrl 和 fileName 来创建一个新 URL，以便 url 中的值始终对应于新生成的音频文件。

在调用 audioPlayer.play()时传递了 url 的值。这确保每次按下播放按钮时，都会播放最近生成的音频文件。

（6）此外，还可以添加一个 Text 小部件来反映文件生成状态。

```
Widget buildLoadingText() {
   return Center(
      child: Padding(
         padding: EdgeInsets.only(top: 16),
         child: Text(loadText)
      )
   );
}
```

在上面定义的函数中，创建了一个简单的 Text 小部件来反映操作。Text 小部件的顶部填充为 16，对齐方式为 Center。

loadText 值用于创建小部件。该变量是以全局方式声明的，初始值为 Generate Music（生成音乐）。

```
String loadText = 'Generate Music';
```

（7）更新 build()方法以添加新的 Text 小部件。

```
@override
Widget build(BuildContext context) {
   return Scaffold(
      ....
      body: Column(
         ....
         children: <Widget>[
            buildGenerateButton(),
            ....
            buildLoadingText()
         ],
      )
   );
}
```

上述代码更新了 build()方法以添加新创建的 Text 小部件。该小部件可作为先前创建的 Column 的子项添加。

（8）当用户想要生成一个新的文本文件，但是音乐生成的操作尚未完成时，则需要更改文本。

```
void load() {
    setState(() {
        loadText = 'Generating...';
    });
    fetchResponse();
}
```

在上面的代码片段中，loadText 值设置为 Generating...（正在生成...）以反映 get()操作正在进行的事实。

（9）最后，在状态提取完成时更新文本。

```
void fetchResponse() async {
  final response =
    await http.get('http://35.225.134.65:8000/generate').whenComplete((){
      setState(() {
        loadText = 'Generation Complete';
      });
    });
  ....
}
```

操作状态提取完成后，loadText 的值更新为 Generation Complete（生成完成）。这表示应用程序已经可以播放新生成的文件了。

🛈 注意：

play_music.dart 的完整代码网址如下。

https://github.com/PacktPublishing/Mobile-Deep-Learning-Projects/blob/master/Chapter7/
flutter_generate_music/lib/play_music.dart

在应用程序的所有部分都正常工作之后，我们可以将所有内容放在一起，以创建最终的应用程序。

7.4.4　创建最终应用程序

现在可以创建一个 main.dart 文件，该文件包含一个无状态小部件 MyApp。我们重写

build()方法并将 PlayMusic 设置为其子项。

```
@override
Widget build(BuildContext context) {
    return MaterialApp(
        title: 'Flutter Demo',
        theme: ThemeData(
            primarySwatch: Colors.blue,
        ),
        home: PlayMusic(),
    );
}
```

在上述重写的 build()方法中，我们简单地创建了一个 MaterialApp，其 home 为 PlayMusic()。

ℹ 注意：

　　整个项目的完整代码网址如下。

https://github.com/PacktPublishing/Mobile-Deep-Learning-Projects/blob/master/Chapter7/
flutter_generate_music

7.5　小　　结

　　本章将多媒体处理分解为图像、音频和视频处理等核心组件，通过这种方式详细阐释了多媒体处理的研究，并讨论了一些处理这些组件最常用的工具。

　　本章讨论了使用 OpenCV 执行图像或视频处理的示例，还提供了一个使用 Magenta 生成鼓乐的简单示例。

　　本章的后半部分介绍了如何基于 LSTM 处理时间序列数据，并构建了一个 API，以通过提供的样本文件来生成音乐。

　　最后，我们创建了 Flutter 应用程序来使用模型 API，该应用程序是跨平台的，可以同时部署在 Android、iOS 和 Web 上。

　　第 8 章将研究如何使用深度强化学习（deep reinforcement learning，DRL）来创建可以玩棋盘游戏（如国际象棋）的代理。

第8章 基于强化神经网络的国际象棋引擎

无论哪个在线应用程序商店，游戏都是一个非常大的分类。游戏的重要性和热潮不容忽视，这就是全世界的开发者都在不断尝试开发出更精致好玩、更引人入胜的各种游戏的原因。

在流行的棋盘游戏世界中，国际象棋是世界上最具竞争力和最复杂的游戏之一。研究人员已经多次尝试推出强大的自动化程序来下棋并战胜人类棋手。本章将讨论DeepMind 的开发人员使用的方法，他们创建了 Alpha Zero（这是一种自学算法，可以自学下棋），以便它可以击败当时市场上棋力最强的国际象棋 AI Stockfish 8。最终结果是，Alpha Zero 仅通过 24 小时的训练就赢得了压倒性的胜利。

本章将介绍构建这样一个深度强化学习算法需要了解的概念，然后构建一个示例项目。请注意，该项目将要求你具有比较丰富的 Python 和机器学习基础知识。

本章涵盖以下主题。

❑ 强化学习简介。
❑ 手机游戏中的强化学习。
❑ 探索 Google 的 DeepMind。
❑ 用于 Connect 4 游戏的类 Alpha Zero AI。
❑ 基础项目架构。
❑ 为国际象棋引擎开发 GCP 托管的 REST API。
❑ 在 Android 上创建简单的国际象棋 UI。
❑ 将国际象棋引擎 API 与 UI 集成。

让我们从强化学习的讨论开始。

8.1 强化学习简介

在过去的几年中，强化学习已成为机器学习研究的一个重要研究领域。它越来越多地用于构建代理（agent），以在任何给定环境中执行更好的学习，通过它们所执行的动作获得更好的奖励。简而言之，强化学习可定义如下。

在人工智能领域，算法的目的是创建一个虚拟代理，在某个环境的任何给定状态下执行动作，以在完成动作后获得最佳奖励。

我们可以通过定义与常见强化学习算法相关的变量来赋予这个定义更多的结构。

❑　代理（agent）：执行动作的虚拟实体。它是代替游戏/软件的指定用户的实体。

❑　动作（action，a）：代理可以执行的可能动作。

❑　环境（environment，e）：软件/游戏中可用的一组场景。

❑　状态（state，S）：所有场景的集合，以及其中可用的配置。

❑　奖励（reward，R）：针对代理执行的任何动作所返回的值，代理会尝试将获得的奖励最大化。

❑　策略（policy，π）：代理用于确定接下来必须执行哪些动作的策略。

❑　价值（value，V）：R 是短期的每次行动奖励，而价值则是在一组行动结束时预期的总回报。$V\pi(s)$定义了在状态 S 下遵循策略 π 的预期总回报。

该算法的流程如图 8-1 所示。

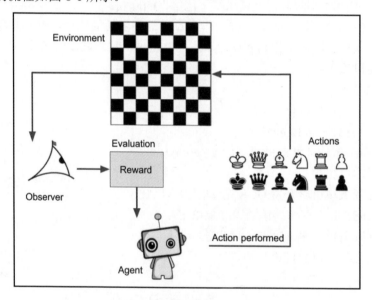

图 8-1

原　　文	译　　文	原　　文	译　　文
Environment	环境	Agent	代理
Observer	观察者	Action performed	执行的动作
Evaluation	评估	Actions	动作
Reward	奖励		

虽然在前面的定义列表中没有提到观察者（observer），但为了产生奖励，有一个观察者或评估者（evaluator）是必要的。有时，观察者本身可能是一个复杂的软件，但一般来说，这是一个简单的评估函数或指标。

ⓘ 注意：

要更详细地了解强化学习，可以访问以下文档。

https://en.wikipedia.org/wiki/Reinforcement_learning

有关强化学习代理的快速示例，请阅读 DataCamp 的文章。

https://www.datacamp.com/community/tutorials/introduction-reinforcement-learning

接下来，让我们了解一下手机游戏中的强化学习。

8.2　手机游戏中的强化学习

出于各种原因，强化学习在希望构建游戏 AI 的开发人员中越来越受欢迎。例如，可以使用它来检查 AI 的能力，或构建一个训练代理来帮助专业人士提高他们的游戏水平等。

从研究人员的角度来看，游戏为强化学习代理提供了最佳测试环境，这些代理可以根据经验做出决策并学习在任何给定环境中生存或达成目标。这是因为我们可以使用简单而精确的规则设计游戏，在游戏中可以准确预测环境对某个动作的反应。这使得评估强化学习代理的性能变得更加容易，从而为 AI 提供良好的训练基础。

考虑到游戏 AI 的突破，现在已经有人表示我们正在朝着通用 AI 的方向发展，这比一般人的预期要快得多。

我们来研究一下，强化学习概念是如何映射到游戏中的。

考虑一个简单的游戏，如井字游戏（Tic-Tac-Toe）。其玩法是：两个玩家，一个画 O，一个画×，轮流在 3×3 的格上画自己的标记，最先在横、直、斜方向上连成一条线的玩家为获胜方。如果双方都无法连成一条线，则为和局。

假设你要与计算机玩井字游戏（这里的计算机指的是代理）。在这种情况下，环境是什么？显然就是井字游戏棋盘，以及在环境中管理游戏的一组规则。井字游戏棋盘上已经放置的标记确定了环境所处的状态。代理可以放在游戏棋盘上画 X 或 O，这是它们可以执行的动作，输、赢或平局（以及输赢趋势）是代理执行任何动作后给予的奖励。代理获胜的策略就是它要遵循的策略。

从这个例子中可以得出结论，强化学习代理非常适合构建学习玩任何游戏的 AI。这导致许多开发人员都乐意为流行游戏（如围棋、中国象棋、国际象棋、跳棋、反恐精英等）开发自己的游戏 AI。甚至还有开发人员试图使用 AI 来玩 Chrome 小恐龙游戏。

🛈 注意：

　　Chrome 小恐龙游戏是 Chrome 浏览器的一个小彩蛋，在 Chrome 浏览器地址栏中输入 chrome://dino，然后按 Enter 键即可打开。该游戏的主题是一只小恐龙在沙漠中穿行(横版游戏)，按空格键即可跳过仙人掌，撞到仙人掌即游戏结束。

　　在下一节中，我们将简要介绍 Google 的 DeepMind，这是游戏 AI 开发领域最受欢迎的公司之一。

8.3　探索 Google 的 DeepMind

　　当讨论自我学习人工智能的增长时，DeepMind 可能是最著名的名称之一，这是由于它们在该领域的开创性研究和成就。DeepMind 于 2014 年被 Google 收购，自 2015 年 Google 重组以来，目前是 Alphabet 的全资子公司。DeepMind 最著名的作品包括 AlphaGo 及其继任者 Alpha Zero。

　　让我们更深入地讨论一下这些项目，并尝试理解是什么使它们在当今如此重要。

8.3.1　AlphaGo

　　2015 年，AlphaGo 成为第一个在 19×19 棋盘上击败职业围棋选手李世石的计算机软件。这一突破被记录下来并作为纪录片发行。战胜李世石的影响如此之大，以至于韩国围棋协会特意为此给它颁发了荣誉九段证书,这实际上意味着韩国围棋协会认可 AlphaGo 是一个围棋技术接近神的棋手。这也是围棋历史上第一次颁发荣誉 9 段证书，因此提供给 AlphaGo 的证书编号为 001，当时它的 ELO 等级分为 3739。

　　后来，AlphaGo 的继任者——AlphaGo Master——在浙江乌镇举行的 3 局比赛中以 3:0 的成绩横扫当时的世界冠军柯洁。为表彰这一壮举，它获得了中国围棋协会颁发的职业九段认证。该软件当时的 ELO 等级分为 4858。

　　但是，这两款软件都被它们的继任者 AlphaGo Zero 碾压了。AlphaGo Zero 完全没有依赖人类的数据，而是自己和自己对弈，基于最基本的原则，在经过 3 天的自我学习之后，它以 100:0 的战绩击败 AlphaGo，在经过 21 天的训练之后，以 89:11 的绝对优势击败 AlphaGo Master。40 天之后，它已经超越了之前所有围棋 AI 的水平，ELO 等级分为 5185。

AlphaGo 基于蒙特卡罗树搜索（Monte Carlo tree search，MCTS）算法，并采用深度学习方式（学习对象是人类玩家游戏日志）。该模型的初始训练是通过人类游戏进行的。然后，计算机将与自己对战并尝试改进其游戏。蒙特卡罗树搜索将被限制在一个设定的深度，以避免巨大的计算开销。在无限制的情况下，计算机会在进行任何移动之前尝试所有可能的移动。

ⓘ 注意：

在中国象棋和国际象棋等棋类游戏中，对弈双方轮流下棋，每一步称为一次移动（move）或“着法”；在围棋等游戏中，则称移动为“落子”。它们均对应强化学习中的动作（action）。

总之，AlphaGo 遵循了以下过程。

（1）最初，模型将在人类游戏日志上进行训练。

（2）在执行基础训练之后，计算机将使用它在上一步训练的模型与自己对战，并使用蒙特卡罗树搜索来确保移动不会因长时间搜索而导致软件停顿。这些游戏的日志也将随之生成。

（3）对生成的游戏进行训练，以改进整体模型。

接下来，我们将讨论 Alpha Zero。

8.3.2 Alpha Zero

作为 AlphaGo 的继任者，Alpha Zero 试图泛化（generalizing）该算法，以便它也可以用于玩其他棋盘游戏。Alpha Zero 接受过国际象棋、将棋（一种类似于国际象棋的日本游戏）和围棋的训练，并取得了与相应游戏的现有 AI 相当的性能。经过 34 小时的训练，围棋的 Alpha Zero 以 60:40 的成绩击败了经过 3 天训练的 AlphaGo Zero。这导致其 ELO 等级分达到 4430。

经过大约 9 个小时的训练，Alpha Zero 击败了 2016 年 TCEC 比赛的冠军 Stockfish 8。因此，Alpha Zero 是迄今为止最强大的国际象棋人工智能，尽管有人声称最新版本的 Stockfish 能够击败它。

AlphaGo Zero 和 Alpha Zero 变体的主要区别如下。

❑ 平局（tie）的可能性：在围棋中，几乎不可能出现平局，而中国象棋和国际象棋则很容易出现平局。因此，Alpha Zero 进行了修改，以允许游戏平局。

❑ 对称性：AlphaGo Zero 利用了棋盘的对称性。但是，由于国际象棋不是非对称游戏，因此必须修改 Alpha Zero 才能相应地工作。

❑　　硬编码的超参数搜索：Alpha Zero 具有用于超参数搜索的硬编码规则。

❑　　在 Alpha Zero 的用例中，神经网络会不断更新。

现在你可能想知道什么是蒙特卡罗树搜索。下面让我们尝试回答这个问题。

8.3.3　蒙特卡罗树搜索

当我们谈论诸如中国象棋、围棋、国际象棋或井字游戏之类的游戏时（这些游戏都是基于当前场景的策略游戏），实际上谈论的是大量可能的场景（局面）和在任何给定点都可以执行的动作。虽然对于像井字棋这样的小游戏，可能的状态和动作的数量完全在大多数人的计算范围内，但是更复杂的游戏（如围棋、中国象棋、国际象棋），则具有非常多的可能状态。算度非常深的情况下，棋盘局面的数量将呈指数级增长，超出了大多数人的思考能力，同时这也是体现棋手的棋力高低的地方。

蒙特卡罗树搜索将尝试找到在给定环境中赢得任何游戏或获得更好奖励所需的正确动作系列。之所以称为树搜索（tree search），是因为它创建了一个包含游戏中所有可能状态的树，通过为每个状态创建一个分支来包含所有可能的移动，这些分支表示为树中的节点。

下面以一个很简单的游戏为例。假设你正在玩一个游戏，要求你猜测一个 3 位数的数字，每次猜测都有一个相关的奖励。可能的数字范围是 1 到 5，你有 3 次猜测机会。如果你做出了准确猜测，即正确猜到了任何给定位置的数字，那么你将获得 5 分奖励。但是，如果你猜测错误，则获得的分数会按正确数字的两边线性递减。

例如，要猜测的数字为 2，则可能获得以下奖励分数。

如果你猜测为 1，则获得的分数为 4。

如果你猜测为 2，则获得的分数为 5。

如果你猜测为 3，则获得的分数为 4。

如果你猜测为 4，则获得的分数为 3。

如果你猜测为 5，则获得的分数为 2。

因此，游戏中的最佳总分是 15（即每个位数上的数字都猜对从而获得 5 分）。鉴于在每一步你都可以选择 5 个选项中的任何一个，游戏中可能的状态总数为 5×5×5 = 125，只有一个状态给出了最佳分数。

让我们试着用树来描述上面的游戏。假设你要猜测的数字是 413，则在第一步中，你将拥有如图 8-2 所示的树。

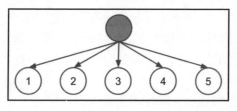

图 8-2

做出选择后，你将获得奖励，并且还有 5 个选项可供选择。换句话说，每个节点都有 5 个分支要遍历。在最佳游戏玩法中，将获得如图 8-3 所示的树。

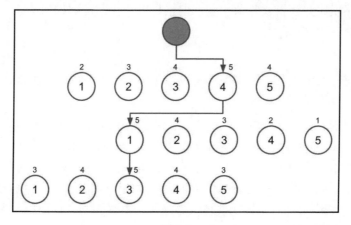

图 8-3

按照该思路，我们来考虑一下围棋。围棋游戏共有 3^{361} 种可能的状态，在 AI 采取行动之前尝试和计算每种可能性显然是不切实际的。这就是蒙特卡罗树搜索与置信区间上界（upper confidence bound，UCB）算法相结合发挥作用的地方，它比其他方法更具优势，因为它可以在任何搜索深度终止，并且可以产生趋于最佳分数的结果。因此，算法不需要遍历树的每个分支。树搜索算法一旦意识到任何特定分支的性能不佳，就可以停止沿着该路径前进，并专注于性能更好的路径。此外，它还可以提前终止任何路径并在该点返回预期奖励，从而调整 AI 采取任何行动所需的时间。

更确切地说，蒙特卡罗树搜索遵循以下步骤。

（1）选择：从树的当前节点中选择奖励最好的分支。例如，在上面的游戏树中，选择 4 以外的任何分支都会产生较低的分数，因此选择 4。

（2）扩展：一旦选择了最佳奖励节点，那么该节点下的树将进一步扩展，创建具有该节点可用的所有可能选项（分支）的节点。这可以理解为从游戏中的任何一点布置 AI 的未来动作。

（3）模拟：现在，由于事先不知道在扩展阶段创建的哪个未来选项有最佳奖励，因此可使用强化学习对每个选项逐一模拟游戏，并为每个节点创建一个奖励分数。请注意，当与置信区间上界算法结合使用时，计算游戏直至终局并不重要。计算任何 n 步的奖励也是一个很好的方法。

（4）更新：最后更新节点和父节点的奖励分数。更新之后，棋盘局面不可返回，任何节点的价值都需要重新计算，如果在未来游戏的某个阶段找到更好的替代方案，则 AI 不会一条道走到黑，从而在多次迭代中改进其游戏玩法。

接下来，我们将构建一个像 Alpha Zero 一样工作的系统，并尝试学习玩 Connect 4 游戏，该游戏虽然仅比井字游戏复杂一些，但也足以让我们理解如何构建类似的中国象棋或国际象棋引擎。

8.4　用于 Connect 4 游戏的类 Alpha Zero AI

在开始研究玩 Connect 4 游戏的 AI 之前，不妨先来了解一下该游戏。

Connect 4，有时也称为四子棋或连四，是比较受孩子们欢迎的棋盘游戏之一。也可以将其理解为井字游戏的更高级版本，你必须在其中以水平、垂直或对角方式放置 4 个相同类型的标记。棋盘通常是一个 6×7 的网格，两个玩家各使用一个标记。

Connect 4 的规则可能有不同的变体（各地玩法不尽相同），因此，为方便起见，本示例将制定如下具体规则。

- 本游戏的棋盘共有 6 行 7 列，棋盘是垂直摆放的。每列在棋盘顶部都有一个开口，可以在此处放入棋子。可以查看已放入棋盘中的棋子。
- 两位玩家各有 21 枚形状类似硬币的棋子，但是颜色不一样。例如，一方执黑棋，另一方执红棋。
- 将一枚棋子放在棋盘上构成一次移动（move）。在 Connect 4 游戏中，移动也称为"落子"。每次落子之后都会判断胜负。
- 棋子从顶部的开口下降到最后一行，或者该列中最低的未被占据的位置。例如，如果棋子投放到某个空列，那么它会落在最后一行；如果该列已经有 2 枚棋子，那么它会堆叠在从下往上数第 3 行。
- 首先在任何（横、竖、斜）方向连接任意 4 枚棋子（棋子之间没有空隙或其他玩家的棋子）的玩家获胜。

现在让我们将该 Connect 4 游戏的自学 AI 问题分解一下，将其变成以下子问题。

（1）创建棋盘的虚拟表示。

（2）创建函数，以允许根据游戏规则移动。

（3）为了保存游戏状态，需要一个适当的状态管理系统。

（4）生成游戏玩法，提示用户移动或宣布游戏结束。

（5）创建一个脚本，该脚本可以生成可供系统学习的游戏玩法样本。

（6）创建训练函数来训练系统。

（7）需要一个蒙特卡罗树搜索（Monte Carlo tree search，MCTS）实现。

（8）需要一个神经网络的实现。

（9）除了上述具体步骤，还需要为系统创建一些驱动脚本，以使其更易于使用。

接下来，我们将按顺序盘点和解决上述子问题，详细讨论系统的每个部分。当然，我们可以首先快速浏览一下此项目中存在的目录结构和文件，这些文件也可以在本书的GitHub 存储库中找到，其网址如下。

https://github.com/PacktPublishing/Mobile-Deep-Learning-Projects/tree/master/Chapter8/connect4

该项目的目录结构和文件如下所示。

❑　command/。

> 　__init__.py：该文件使我们可以将此文件夹用作模块。

> 　arena.py：该文件可采用并解析用于运行游戏的命令。

> 　generate.py：该文件可采用并解析自我学习移动生成系统的命令。

> 　newmodel.py：该文件用于为代理创建一个新的空白模型。

> 　train.py：该文件用于训练基于强化学习的神经网络如何玩游戏。

❑　util/。

> 　__init__.py：该文件使我们可以将此文件夹用作模块。

> 　arena.py：该文件可创建并维护玩家之间进行比赛的记录，并允许在轮到某个玩家时进行切换。

> 　compat.py：该文件是一个方便的实用程序，用于使程序与 Python 2 和 Python 3 兼容。如果你确定自己要开发的版本并希望仅在其上运行（例如，仅适用于 Python 3），则可以跳过该文件。

> 　generate.py：该文件会使用随机移动（结合使用蒙特卡罗树搜索移动）推演（play out）游戏，以生成可用于训练的游戏日志。该文件将存储每场比赛的获胜者以及玩家所执行的移动。

> 　internal.py：该文件可创建棋盘的虚拟表示形式，并定义与棋盘相关的函数，例如将棋子放在棋盘上，寻找获胜者或创建新棋盘。

> ➢ keras_model.py：该文件定义了充当代理大脑的模型。下文会更深入地讨论这个文件。

> ➢ mcts.py：该文件提供了 MCTS 类，该类实质上是蒙特卡罗树搜索（MCTS）算法的实现。

> ➢ nn.py：该文件提供了 NN 类，它是神经网络（neural network）的一个实现，另外还包括与神经网络相关的函数，如拟合、预测、保存等。

> ➢ player.py：这个文件为两种类型的玩家（MCTS 玩家和人类玩家）提供了类。MCTS 玩家就是我们将要训练玩游戏的代理。

> ➢ state.py：这是对 internal.py 文件的封装，它提供了一个用于访问棋盘和棋盘相关功能的类。

> ➢ trainer.py：该文件允许我们训练模型。它与 nn.py 有所不同，因为 trainer.py 更侧重于涵盖游戏方面的训练过程，而 nn.py 则主要是对函数的包装。

接下来，我们将深入探索上述每个文件的一些重要部分，同时按照之前制定的步骤构建游戏强化学习 AI。

8.4.1　创建棋盘的虚拟表示

如何表示 Connect 4 棋盘？有两种常用的方法来表示 Connect 4 棋盘以及游戏状态。具体如下所示。

❑　人类可读的长形式：在这种形式中，棋盘的行和列显示在 x 轴和 y 轴上，两个玩家的标记分别显示为 x 和 o（或任何其他合适的字符），如下所示。

```
 |1 2 3 4 5 6 7
-+--------------
1|. . . . . . .
2|. . . . . . .
3|. . . . . . .
4|. . . . o x .
5|x o x . o o .
6|o x x o x x o
```

但是，这种形式有点冗长并且在计算上不是很友好。

❑　在计算上很有效的形式：在这种形式中，可将棋盘存储为 2D NumPy 数组。

```
array([[1, 1, 0, 0, 0, 0, 0],
       [0, 0, 0, 0, 0, 0, 0],
       [0, 0, 0, 0, 0, 0, 0],
```

```
         [0, 0, 0, 0, 0, 0, 0],
         [0, 0, 0, 0, 1, 0, 0],
         [0, 0, 0, 0, 0, 0, 0]], dtype=int8)
```

在以这种方式创建数组之后，当它展平为一维数组时，棋盘位置按顺序排列，就好像该数组实际上是一维数组一样。前两个位置分别编号为 0 和 1，而位于第 5 行第 5 列的第三个位置则编号为 32。通过将上述代码块中的矩阵与给定的表进行映射，可以轻松理解图 8-4 的表示形式。

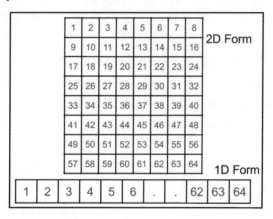

图 8-4

原　　文	译　　文	原　　文	译　　文
2D Form	二维数组形式	1D Form	一维数组形式

这种形式适合放入计算，但不适合玩家在游戏过程中查看，因为玩家很难破译。

❑ 一旦决定了如何表示棋盘（board）及其棋子（piece），就可以开始在 util/internal.py 文件中编写代码，如下所示。

```
BOARD_SIZE_W = 7
BOARD_SIZE_H = 6
KEY_SIZE = BOARD_SIZE_W * BOARD_SIZE_H
```

上面几行设置的是棋盘的常量，在本示例中，也就是棋盘上的行数和列数。我们还通过将它们相乘来计算棋盘上键或位置的数量。

❑ 现在让我们准备在棋盘上生成获胜位置的代码，如下所示。

```
LIST4 = []
LIST4 += [[(y, x), (y + 1, x + 1), (y + 2, x + 2), (y + 3, x + 3)]
for y in range(BOARD_SIZE_H - 3) for x in range(BOARD_SIZE_W - 3)]
```

```
LIST4 += [[(y, x + 3), (y + 1, x + 2), (y + 2, x + 1), (y + 3, x)]
for y in range(BOARD_SIZE_H - 3) for x in range(BOARD_SIZE_W - 3)]
LIST4 += [[(y, x), (y, x + 1), (y, x + 2), (y, x + 3)] for y in
range(BOARD_SIZE_H) for x in range(BOARD_SIZE_W - 3)]
NO_HORIZONTAL = len(LIST4)
LIST4 += [[(y, x), (y + 1, x), (y + 2, x), (y + 3, x)] for y in
range(BOARD_SIZE_H - 3) for x in range(BOARD_SIZE_W)]
```

LIST4 变量存储了任何玩家赢得游戏时可以实现的可能组合。

限于篇幅，我们不会讨论该文件中的全部代码；但是，你有必要了解以下函数及其作用。

❑ get_start_board()：该函数以 NumPy 数组的形式返回棋盘的空白二维数组表示。

❑ clone_board(board)：该函数用于按元素克隆棋盘的整个 NumPy 数组。

❑ get_action(board)：该函数可返回数组中已被玩家修改的位置。

❑ action_to_string(action)：该函数将玩家执行的动作的内部数字表示转换为人类可理解形式的字符串。

❑ place_at(board, pos, .player)：为任何给定玩家执行在棋盘上放置棋子的动作。它还将更新棋盘。

❑ def get_winner(board)：该函数判断当前棋盘状态下的游戏是否有赢家。如果是，则返回获胜玩家的标识符，该标识符将为 1 或−1。

❑ def to_string(board)：该函数将棋盘的 umPy 数组表示形式转换为人类可读格式的字符串。

接下来，我们将讨论如何对 AI 进行编程，使其仅根据游戏规则进行移动，并接受有效的移动。

8.4.2　允许根据游戏规则移动

为了确定玩家（无论是人还是机器）所采取的动作的有效性，我们需要有一种机制，该机制可以持续地只生成有效的动作（在轮到机器移动的情况下），或者不断验证任何人类玩家的输入。具体操作步骤如下。

（1）在 util/generator.py 文件的_selfplay(self, state, args)函数中可以找到一个这样的实例，其代码如下所示。

```
turn = 0
hard_random_turn = args['hard_random'] if 'hard_random' in args
else 0
soft_random_turn = (args['soft_random'] if 'soft_random' in args
```

```
else 30) + hard_random_turn
history = []
```

我们将移动切换设置为 0，表示在游戏开始时没有移动。我们还考虑了在自我学习 AI 中 hard_random 和 soft_random 随机回合的数量。然后将动作的历史设置为空白。

（2）现在可以开始为 AI 生成移动，如下所示。

```
while state.getWinner() == None:
    if turn < hard_random_turn:
        # 随机动作
        action_list = state.getAction()
        index = np.random.choice(len(action_list))
        (action, key) = action_list[index]
```

上面的代码表示的是，在没有赢家之前，必须生成移动（落子）。在上述示例中可以看到，只要 turn < hard_random_turn（你可以将 hard_random_turn 视为自我对局中的一方，soft_random_turn 是另一方），AI 都会选择一个完全随机的位置来放置其棋子。

（3）通过在上面的 if 语句中添加一个 else 块，我们告诉 AI，每当它需要 soft_random_turn 时，它可以检查任何随机位置来放置它的棋子，但这只能是在 MCTS 算法的推演过程中，代码如下所示。

```
else:
    action_list = self.mcts.getActionInfo(state, args['simulation'])
    if turn < soft_random_turn:
        # 按访问计数的随机动作
        visited = [1.0 * a.visited for a in action_list]
        sum_visited = sum(visited)
        assert(sum_visited > 0)
        p = [v / sum_visited for v in visited]
        index = np.random.choice(len(action_list), p = p)
    else:
        # 选择访问计数最大的动作
        index = np.argmax([a.visited for a in action_list])
```

请注意，如果既没有发生 soft turn 也没有发生 hard turn，则代理会选择导致胜局的最常见的移动（落子）。

因此，对于非人类玩家来说，代理只能在任何给定阶段的一组有效移动之间进行选择。而对于人类玩家而言，情况并非如此，根据他们的创造力，他们有可能尝试进行无效的移动。所以，当人类玩家移动（落子）时，需要验证这些移动是否符合规则。

（4）在 util/player.py 文件中可以找到 getNextAction(self, state)函数，其中包含验证

人类玩家动作的方法，如下所示。

```
action = state.getAction()
available_x = []
for i in range(len(action)):
    a, k = action[i]
    x = a % util.BOARD_SIZE_W + 1
    y = a // util.BOARD_SIZE_W + 1
    print('{} - {},{}'.format(x, x, y))
    available_x.append(x)
```

（5）首先，计算人类玩家可能的合法移动并将它们显示给用户。然后，提示用户输入一个移动，直到他们做出一个有效的移动，如下所示。

```
while True:
    try:
        x = int(compat_input('enter x: '))
        if x in available_x:
            for i in range(len(action)):
                if available_x[i] == x:
                    select = i
                    break
            break
    except ValueError:
        pass
```

因此，我们可以根据一组填充的有效移动来验证用户所做的移动，甚至还可以选择向用户显示错误。

接下来，我们将讨论程序的状态管理系统。相信你已经注意到，到目前为止，我们讨论的代码都需要使用它。

8.4.3　状态管理系统

游戏的状态管理系统是整个程序中最重要的部分之一，因为它控制着所有的游戏玩法，并可在 AI 的自学习过程中帮助生成游戏玩法。它确保玩家可以看到一个显示局面的棋盘并执行有效的移动（落子）。它还存储了若干个与状态相关的变量，这些变量对游戏的进行很有用。具体情况如下所示。

（1）看一下 State 类中最重要的特性和函数，该类是在 util/state.py 文件中提供的。

```
import .internal as util
```

该类使用在 util/internal.py 文件中定义的变量和函数,名称为 util。

(2)__init__(self,prototype = None):该类在初始化时,要么继承现有的状态,要么创建一个新的状态。该函数的定义如下。

```
def __init__(self, prototype = None):
    if prototype == None:
        self.board = util.get_start_board()
        self.currentPlayer = 1
        self.winner = None
    else:
        self.board = util.clone_board(prototype.board)
        self.currentPlayer = prototype.currentPlayer
        self.winner = prototype.winner
```

由此可见,该类可以使用游戏的现有状态初始化并作为参数传递给该类的构造函数;否则,该类会创建一个新的游戏状态。

(3)getRepresentativeString(self):该函数返回一个可以被人类玩家读取的游戏状态的字符串表示。其定义如下。

```
def getRepresentativeString(self):
    return ('x|' if self.currentPlayer > 0 else 'o|') +
util.to_oneline(self.board)
```

State 类中的其他重要方法如下。

- getCurrentPlayer(self):该方法可返回游戏的当前玩家,即应该执行移动的玩家。
- getWinner(self):如果游戏已经结束,此方法可返回游戏获胜者的标识符。
- getAction(self):该方法检查游戏是否已经结束。如果没有,那么它将返回一组在任何给定状态下的下一个可能的移动。
- getNextState(self, action):该方法返回游戏的下一个状态。也就是说,在将当前正在移动的棋子放在棋盘上并评估游戏是否结束之后,它将执行从一种状态到另一种状态的切换。
- getNnInput(self):此方法返回玩家到目前为止在游戏中执行的移动,并为每个玩家的移动使用不同的标记。

接下来,让我们看看如何生成游戏玩法。

8.4.4　生成游戏玩法

负责管理程序中游戏玩法的是 util/arena.py 文件。它在 Arena 类中定义了以下两个方法。

```
def fight(self, state, p1, p2, count):
    stats = [0, 0, 0]
    for i in range(count):
        print('==== EPS #{} ===='.format(i + 1))
        winner = self._fight(state, p1, p2)
        stats[winner + 1] += 1
        print('stats', stats[::-1])
        winner = self._fight(state, p2, p1)
        stats[winner * -1 + 1] += 1
        print('stats', stats[::-1])
```

上面的 fight()函数管理玩家的胜利、失败或平局的统计数据，它确保在每一轮中进行两场比赛，每个玩家轮流执一次先手。

此类中定义的另一个_fight()函数如下所示。

```
def _fight(self, state, p1, p2):
    while state.getWinner() == None:
        print(state)
        if state.getCurrentPlayer() > 0:
            action = p1.getNextAction(state)
        else:
            action = p2.getNextAction(state)
        state = state.getNextState(action)
    print(state)
    return state.getWinner()
```

该函数负责切换棋盘上的玩家，直至找到获胜者。

接下来，让我们看看如何为代理生成随机游戏玩法以进行自学。

8.4.5　生成游戏玩法样本

到目前为止，我们已经讨论了 util/gameplay.py 文件，阐释了该文件中与移动（落子）规则相关的代码——特别是文件的自我对局功能。现在，我们不妨来看看这些自我对局如何在迭代中运行以生成完整的游戏日志。

（1）该文件提供的 Generator 类的 generate()方法的代码如下。

```
def generate(self, state, nn, cb, args):
    self.mcts = MCTS(nn)

    iterator = range(args['selfplay'])
```

```
if args['progress']:
    from tqdm import tqdm
    iterator = tqdm(iterator, ncols = 50)

# 自我对局
for pi in iterator:
    result = self._selfplay(state, args)
    if cb != None:
        cb(result)
```

该函数主要负责运行类的_selfplay()函数，并决定一旦自我对局完成必须做什么。在大多数情况下，你会将输出保存到一个文件中，然后用于训练。

（2）以下脚本已经在 command/generate.py 文件中定义。此脚本可以作为具有以下签名的命令运行。

```
usage: run.py generate [-h]
            [--model, default='latest.h5', help='model filename']
            [--number, default=1000000, help='number of generated
states']
            [--simulation, default=100, help='number of
simulations per move']
            [--hard, default=0, help='number of random moves']
            [--soft, default=1000, help='number of random moves
that depends on visited node count']
            [--progress, help='show progress bar']
            [--gpu, help='gpu memory fraction']
            [--file, help='save to a file']
            [--network, help='save to remote server']
```

（3）此命令的调用示例如下。

```
python run.py generate --model model.h5 --simulation 100 -n 5000 --
file selfplay.txt --progress
```

接下来，让我们看看生成自我对局日志后训练模型的函数。

8.4.6 系统训练

要训练代理，需要创建 util/trainer.py 文件，该文件提供了 train()函数。

（1）签名如下所示。

```
train(state, nn, filename, args = {})
```

该函数接受一个 State 类、一个神经网络类和其他参数。它还接受一个文件名，是包含生成的游戏玩法文件的路径。在训练之后，我们可以选择将输出保存到另一个模型文件中，就像 command/train.py 文件中的 train()函数一样。

（2）命令具有以下签名。

```
usage: run.py train [-h]
                    [--progress, help='show progress bar']
                    [--epoch EPOCH, help='training epochs']
                    [--batch BATCH, help='batch size']
                    [--block BLOCK, help='block size']
                    [--gpu GPU, help='gpu memory fraction']
                    history, help='history file'
                    input, help='input model file name'
                    output, help='output model file name'
```

history 参数是存储已生成的游戏玩法的文件。input 文件是当前保存的模型文件，而 output 文件则是新训练的模型将另存的文件。

（3）命令的调用示例如下。

```
python run.py train selfplay.txt model.h5 newmodel.h5 --epoch 3
-- progress
```

现在我们已经有了一个训练系统，接下来需要创建 MCTS 和神经网络实现。

8.4.7　蒙特卡罗树搜索实现

util/mcts.py 文件中提供了一个全面的 MCTS 算法实现。该文件提供了 MCTS 类，它具有以下重要函数。

❑ getMostVisitedAction：当一个状态传递给它时，该函数可返回访问最多的动作。

❑ getActionInfo：在执行任何动作后，该函数可返回状态信息。

❑ _simulation：该函数可执行单个游戏模拟，并返回有关在模拟过程中玩过的游戏的信息。

接下来，我们需要创建一个神经网络实现。

8.4.8　神经网络实现

本节将介绍为代理创建的用于训练的神经网络。我们将探索提供 NN 类的 util/nn.py 文件，以及以下重要方法。

- ❑ __init__(self, filename)：如果尚不存在模型，则该函数将使用 util/keras_model.py 函数创建一个新模型。否则，它将模型文件加载到程序中。
- ❑ 在 util/keras_model.py 文件中定义的模型是一个残差卷积神经网络（residual CNN），它与蒙特卡罗树搜索（MCTS）和置信区间上界博弈树（upper confidence bound applied to tree，UCT）算法结合，执行时像一个深度强化学习神经网络。形成的模型具有以下配置。

```
input_dim: (2, util.BOARD_SIZE_H, util.BOARD_SIZE_W),
policy_dim: util.KEY_SIZE,
res_layer_num: 5,
cnn_filter_num: 64,
cnn_filter_size: 5,
l2_reg: 1e-4,
learning_rate: 0.003,
momentum: 0.9
```

默认情况下，该模型有 5 个残差卷积层块。我们之前在 util/internal.py 文件中已经定义了 BOARD_SIZE_H、BOARD_SIZE_W 和 KEY_SIZE 常量。

- ❑ save(self, filename)：该函数可将模型保存到提供的文件名中。
- ❑ predict(self, x)：提供一个棋盘状态，连同已经预测的移动。该函数输出一个可在下一步执行的移动。
- ❑ fit(self, x, policy, value, batch_size = 256, epochs = 1)：该函数负责将新样本拟合到模型并更新权重。

8.4.9　创建驱动脚本

除前面介绍过的脚本之外，我们还需要一些驱动程序脚本。你可以在本项目的存储库中查找它们以了解其用法。

要运行已完成的项目，可执行以下操作步骤。

（1）使用以下命令创建一个新模型。

```
python run.py newmodel model.h5
```

这将创建一个新模型并打印其摘要。

（2）生成游戏玩法样本日志。

```
python run.py generate --model model.h5 --simulation 100 -n 5000
-- file selfplay.txt --progress
```

上述命令可在模拟过程中为 MCTS 生成 5000 个深度为 100 的游戏玩法样本。

（3）训练模型。

```
python run.py train selfplay.txt model.h5 newmodel.h5 --epoch 3
-- progress
```

上述命令可在游戏玩法文件上训练模型，训练的 Epoch 为 3，并将训练好的模型保存为 newmodel.h5。

（4）玩家与 AI 对抗。

```
python run.py arena human mcts,newmodel.h5,100
```

上述命令可以让玩家与 AI 进行对抗。在这里，你将看到终端内的棋盘和游戏选项，如图 8-5 所示。

图 8-5

至此，我们已经成功创建了一个类似 Alpha Zero 的程序，它可以学习玩棋盘游戏，我们准备将这个思路扩展到国际象棋 AI。当然，在付诸实践之前，我们还有必要简单规划一下项目架构。

8.5　基础项目架构

要创建作为 REST API 托管在 Google 云平台（Google Cloud Platform，GCP）上的国际象棋引擎，可遵循如图 8-6 所示的一般项目架构。

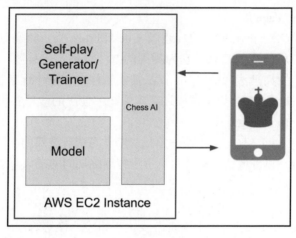

图 8-6

原　　文	译　　文
Self-play Generator/Trainer	自我对局生成器/训练器
Model	模型
Chess AI	国际象棋 AI
AWS EC2 Instance	AWS（亚马逊云服务）EC2 实例

虽然图 8-6 只是提供了一个非常简单的项目概述，但它也可用于更复杂的系统，这些系统可以产生更好的国际象棋自学引擎。

Google 云平台（GCP）上托管的模型将被放置在 EC2 虚拟机实例中，并被包装在基于 Flask 的 REST API 中。

8.6　为国际象棋引擎开发 GCP 托管的 REST API

在明白了如何推进该项目之后，我们还需要讨论如何将 Connect 4 游戏映射到国际象棋，并将国际象棋强化学习引擎部署为 API。

为该国际象棋引擎创建的文件网址如下。

https://github.com/PacktPublishing/Mobile-Deep-Learning-Projects/tree/master/Chapter8/chess

在将这些文件与 Connect 4 项目中的文件映射之前，让我们快速了解一些最重要的文件。

- ❏ src/chess_zero/agent/。
  - ➢ player_chess.py：该文件描述了 ChessPlayer 类，该类包含有关玩家在任何时间点玩游戏的信息。它为相关的方法提供了包装器，这些方法可以使用蒙特卡罗树搜索（MCTS）算法搜索新移动、更改玩家状态等。
  - ➢ model_chess.py：该文件描述了本系统中使用的残差卷积神经网络。
- ❏ src/chess_zero/config/。
  - ➢ mini.py：该文件定义了国际象棋引擎学习或玩游戏的配置。有时需要调整这些参数，以降低在低端计算机上进行训练期间的批大小或虚拟 RAM 消耗。
- ❏ src/chess_zero/env/。
  - ➢ chess_env.py：该文件描述了棋盘的设置、游戏规则以及执行游戏操作所需的函数。它还包含用于检查游戏状态和验证移动的方法。
- ❏ src/chess_zero/worker/。
  - ➢ evaluate.py：该文件负责当前最佳模型和下一代模型进行对战。如果下一代模型在 100 场以上的比赛中表现更好，那么它将取代之前的模型。
  - ➢ optimize.py：该文件加载当前最佳模型并对其执行更多基于监督学习的训练。
  - ➢ self.py：引擎与自己对战并学习新的游戏玩法。
  - ➢ sl.py：这里的 sl 是监督学习（supervised learning）的缩写，该文件以其他玩家的游戏 PGN 文件为输入，通过它们进行监督学习。
- ❏ src/chess_zero/play_game/。
  - ➢ uci.py：该文件提供了通用国际象棋接口（universal chess interface，UCI）标准环境，用于与引擎对战。
  - ➢ flask_server.py：该文件可创建一个 Flask 服务器，该服务器使用国际象棋游戏的 UCI 表示法与引擎进行通信。

在了解了上述每个文件的作用之后，我们来建立这些文件与 Connect 4 游戏中文件的映射关系。

还记得我们在讨论 Connect 4 AI 时制定的步骤吗？让我们看看国际象棋项目是否也遵循相同的步骤。

（1）创建棋盘的虚拟表示。这是在 src/chess_zero/env/chess_env.py 文件中完成的。

（2）创建允许根据游戏规则进行移动的函数。这也是在 src/chess_zero/env/chess_env.py 文件中完成的。

（3）适当的状态管理系统：此功能将需要通过多个文件维护，例如 src/chess_zero/agent/player_chess.py 和 src/chess_zero/env/chess_env.py。

（4）生成游戏玩法：这是由 src/chess_zero/play_game/uci.py 文件完成的。

（5）创建一个脚本，该脚本可以生成供系统学习的游戏玩法样本。虽然该系统没有将生成的游戏玩法明确存储为磁盘上的文件，但该任务是由 src/chess_zero/worker/self_play.py 文件执行的。

（6）创建训练函数来训练系统。这些训练函数位于 src/chess_zero/worker/sl.py 文件和 src/chess_zero/worker/self.py 文件中。

（7）该项目的 MCTS 实现可以在 src/chess_zero/agent/player_chess.py 文件的移动搜索方法中找到。

（8）实现一个神经网络：该项目的神经网络定义在 src/chess_zero/agent/model_chess.py 文件中。

除上述映射之外，我们还需要讨论通用国际象棋接口（UCI）和 Flask 服务器脚本，这两者都是游戏玩法和 API 部署所必需的。

8.6.1　了解通用国际象棋接口

如前文所述，/src/chess_zero/play_game/uci.py 中的文件为引擎创建了一个通用的国际象棋接口。但这个 UCI 究竟是什么？

UCI 是由 Rudolf Huber 和 Stefan Meyer-Kahlen 引入的通信标准，它允许在任何控制台环境中使用国际象棋引擎进行游戏。该标准使用一个很小的命令集来调用国际象棋引擎，以搜索和输出棋盘上任何给定位置的最佳移动。

通过 UCI 的通信发生在标准输入/输出上，并且与平台无关。在我们的程序中，UCI 脚本可用的命令如下。

❑　uci：打印正在运行的引擎的详细信息。

❑　isready：查询引擎是否准备好游戏对抗。

❑　ucinewgame：这将使用引擎启动一个新游戏。

❑　position [fen | startpos] moves：这将设置棋盘的位置。如果用户是从非起始位置开始的（例如，残局排局或饶子棋就是从非起始位置开始的），则用户需要提供一个 FEN 字符串来设置棋盘。

❑　go：这要求引擎搜索并建议最佳移动。

❑　quit：这将结束游戏并退出接口。

以下代码显示了使用 UCI 引擎的游戏示例。

```
> uci
id name ChessZero
id author ChessZero
uciok

> isready
readyok

> ucinewgame

> position startpos moves e2e4

> go
bestmove e7e5

> position rnbqkbnr/pppp1ppp/8/4p3/4P3/8/PPPP1PPP/RNBQKBNR w KQkq - 0 1
moves g1f3

> go
bestmove b8c6

> quit
```

💡 提示：

国际象棋的 FEN 格式串是由 6 段 ASCII 字符串组成的代码（彼此 5 个空格隔开），这 6 段代码的意义如下。

（1）棋盘上的棋子。

（2）轮到哪一方下棋。

（3）各方的王翼和后翼是否存在"王车易位"的可能。

（4）是否存在吃过路兵的可能，过路兵是经过哪个格子的。

（5）最近一次吃子或者进兵后棋局进行的步数（半回合数），用来判断"50 回合自然限着"。

（6）棋局的回合数。

要为任何棋盘位置快速生成 FEN 字符串，可以使用以下网址的棋盘编辑器。

https://lichess.org/editor/

接下来，我们将讨论 Flask 服务器脚本以及如何在 GCP 实例上部署它。

8.6.2　在 GCP 上部署

这个国际象棋引擎程序需要使用 GPU。因此，我们必须执行额外的步骤，然后才能在 Google 云平台（GCP）实例上部署脚本。

其大致工作流程如下。

（1）请求增加 GCP 账户可用的 GPU 实例的配额。

（2）创建基于 GPU 的计算引擎实例。

（3）部署脚本。

接下来我们将详细介绍这些步骤。

8.6.3　请求增加 GPU 实例的配额

第一步是请求增加 GPU 实例的配额。默认情况下，你可以在 GCP 账户上拥有的 GPU 实例数为 0。此限制由你账户上的配额（quota）设置，你需要请求增加。

具体操作步骤如下。

（1）访问以下网址打开你的 GCP 控制台。

https://console.cloud.google.com/

（2）在左侧导航菜单中单击 IAM & Admin（IAM 和管理）| Quotas（配额），如图 8-7 所示。

图 8-7

（3）单击 Metric（度量标准）筛选器并输入 GPU 以找到 GPUs (all regions)这一项，

如图 8-8 所示。

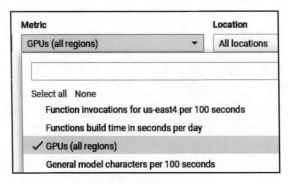

图 8-8

（4）选择该项并单击 Edit Quotas（编辑配额）。

（5）系统会要求你提供身份证明，包括你的电话号码。填写详细信息，然后单击 Next（下一步）按钮。

（6）输入你想要设置的 GPU 配额的限制（最好是 1，以避免滥用）。此外，还需要为你的请求提供理由，例如学术研究或机器学习探索等。

（7）单击 Submit（提交）按钮。

在请求之后，你的配额应该需要 10～15 分钟才能增加/设置为你指定的数量。你将收到一封电子邮件，通知有关更新。接下来，即可创建 GPU 实例。

8.6.4　创建 GPU 实例

下一步是创建一个 GPU 实例。创建 GPU 实例的过程与创建非 GPU 实例的过程非常相似，但需要一些额外的步骤。具体如下所示。

（1）在你的 Google 云平台仪表板上，单击左侧导航菜单中的 Compute Engine（计算引擎）| VM instances（虚拟机实例）。

（2）单击 Create Instance（创建实例）。

（3）单击 Machine type（机器类型）选项栏下方的 CPU platform and GPU（CPU 平台和 GPU），如图 8-9 所示。

（4）单击 Add GPU（添加 GPU）按钮（大加号（+）按钮）。选择要附加到此虚拟机的 GPU 类型和 GPU 数量。

（5）将启动磁盘操作系统更改为 Ubuntu 版本 19.10。

（6）在 Firewall（防火墙）部分，选中 Allow HTTP traffic（允许 HTTP 流量）和 Allow HTTPS traffic（允许 HTTPS 流量）复选框，如图 8-10 所示。

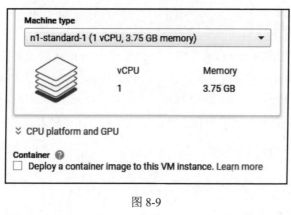

图 8-9

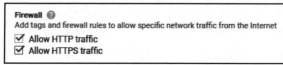

图 8-10

（7）单击表单底部的 Create（创建）按钮。

几秒钟后，你的实例将成功创建。如果你遇到任何错误，例如超出区域资源限制，则可以尝试更改创建实例的区域。这通常是一个临时问题。

接下来，我们可以部署 Flask 服务器脚本。

8.6.5　部署脚本

现在我们将部署 Flask 服务器脚本。在此之前，可以先看看这个脚本的作用。

（1）脚本的前几行将导入脚本运行所需的模块。

```python
from flask import Flask, request, jsonify
import os
import sys
import multiprocessing as mp
from logging import getLogger

from chess_zero.agent.player_chess import ChessPlayer
from chess_zero.config import Config, PlayWithHumanConfig
from chess_zero.env.chess_env import ChessEnv

from chess_zero.agent.model_chess import ChessModel
from chess_zero.lib.model_helper import load_best_model_weight
```

```
logger = getLogger(__name__)
```

（2）剩下的代码放在 start()函数中，它使用一个 config 对象实例化。

```
def start(config: Config):
    ## 剩下的代码
```

（3）以下几行代码可创建引擎和人类玩家的实例，并在脚本开始工作时重置游戏环境。

```
def start(config: Config):
    ...
    PlayWithHumanConfig().update_play_config(config.play)

    me_player = None
    env = ChessEnv().reset()
    ...
```

（4）创建模型并将模型的最佳权重加载到其中，代码如下。

```
def start(config: Config):
    ...
    model = ChessModel(config)

        if not load_best_model_weight(model):
            raise RuntimeError("Best model not found!")
    player = ChessPlayer(config,
model.get_pipes(config.play.search_threads))
    ...
```

（5）上述代码的最后一行创建了一个具有指定配置和模型知识的国际象棋引擎玩家的实例。

```
def start(config: Config):
    ...
    app = Flask(__name__)

        @app.route('/play', methods=["GET", "POST"])
        def play():
            data = request.get_json()
            print(data["position"])
            env.update(data["position"])
            env.step(data["moves"], False)
            bestmove = player.action(env, False)
            return jsonify(bestmove)
    ...
```

上述代码创建了一个 Flask 服务器应用程序的实例。它定义了/play 路由,以接受位置和移动参数,这与之前定义的 UCI 游戏玩法中使用的命令相同。

(6)更新游戏状态,并要求国际象棋引擎计算下一个最佳移动(着法)。这将以 JSON 格式返回给用户。

```
def start(config: Config):
    ...
    app.run(host="0.0.0.0", port="8080")
```

上述脚本的最后一行在主机 0.0.0.0 上启动 Flask 服务器,这意味着该脚本可侦听运行它的设备的所有开放 IP。指定的端口是 8080。

(7) 最后执行以下操作步骤将脚本部署到我们创建的虚拟机实例。

① 打开 GCP 控制台的虚拟机实例页面。

② 输入之前创建的虚拟机后,单击 SSH 按钮。

③ 在 SSH 会话处于活动状态后,通过运行以下命令更新系统上的存储库:

```
sudo apt update
```

④ 使用以下命令克隆存储库。

```
git clone
https://github.com/PacktPublishing/Mobile-Deep-Learning-Projects.git
```

⑤ 将当前工作目录更改为 chess 文件夹,如下所示。

```
cd Mobile-Deep-Learning-Projects/Chapter8/chess
```

⑥ 为 Python3 安装 PIP。

```
sudo apt install python3-pip
```

⑦ 安装项目所需的所有模块。

```
pip3 install -r requirements.txt
```

⑧ 为初始化监督学习提供训练 PGN。你可以从以下网址下载样本 PGN。

https://github.com/xprilion/ficsdata

ficsgamesdb2017.pgn 文件包含 5000 个存储的游戏。

你需要将该文件上传到 data/play_data/文件夹。

⑨ 运行监督学习命令。

```
python3 src/chess_zero/run.py sl
```

⑩ 运行自我学习命令。

```
python3 src/chess_zero/run.py self
```

如果你对为程序提供的自我对局时间感到满意，可使用 Ctrl+C/Z 停止脚本。

⑪ 运行以下命令以启动服务器。

```
python3 src/chess_zero/run.py server
```

现在，你应该能够将位置和移动发送到服务器并获得响应。让我们快速测试一下。

使用 Postman 或任何其他 API 测试工具，即可使用 FEN 字符串向 API 发出请求，以设置位置和游戏移动（着法）。

假设你的虚拟机实例在公共 IP 地址 1.2.3.4 上运行（在虚拟机实例仪表板的实例条目上可见此 IP 地址），可发送以下 POST 请求。

```
endpoint: http://1.2.3.4:8080/play
Content-type: JSON
Request body:
{
  "position":
"r1bqk2r/ppp2ppp/2np1n2/2b1p3/2B1P3/2N2N2/PPPPQPPP/R1B1K2R w KQkq - 0 1",
  "moves": "f3g5"
}
```

上述代码的输出是"h7h6"。我们可以从视觉上理解这种交互。以上示例 FEN 中定义的棋盘如图 8-11 所示。

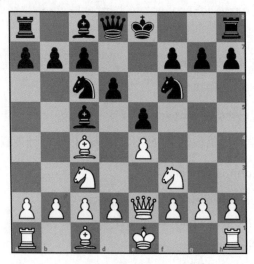

图 8-11

FEN 字符串告诉服务器，上一轮是白棋走的，白棋走的棋是 f3g5，意思是将白棋一方 f3 位置的马移动到棋盘上的 g5 位置。传递给 API 的棋盘 FEN 字符串中的'w'表示最近一个回合是由白方玩家进行的。

引擎对白棋的响应是 h7h6，即将 h7 处的黑卒移动到 h6，以威胁前进的白马，如图 8-12 所示。

图 8-12

现在可以将此 API 与 Flutter 应用程序集成。

8.7　在 Android 上创建一个简单的国际象棋 UI

在理解了强化学习以及如何使用它来开发可以部署到 GCP 的国际象棋引擎之后，即可为游戏创建一个 Flutter 应用程序。

该应用程序将有两个玩家——用户和服务器。用户是玩游戏的人，而服务器则是我们托管在 GCP 上的国际象棋引擎。棋局开始，用户执白先行。用户的着法被记录下来并以 POST 请求的形式发送到国际象棋引擎。国际象棋引擎然后用自己的移动（着法）做出响应，并且在屏幕上更新。

我们将创建一个很简单的单屏应用程序，棋盘和棋子放在中心。该应用程序的界面如图 8-13 所示。

该应用程序的小部件树如图 8-14 所示。

图 8-13

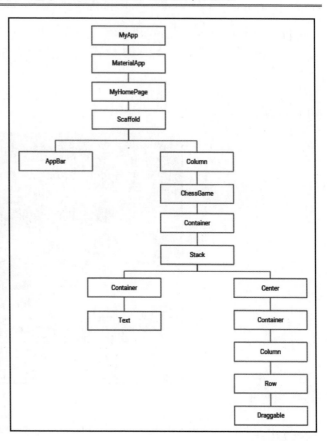

图 8-14

接下来，我们将编写该应用程序。

8.7.1　向 pubspec.yaml 添加依赖项

首先需要将 chess_vectors_flutter 包添加到 pubspec.yaml 文件中，以便在将要构建的棋盘上显示实际的棋子。将以下行添加到 pubspec.yaml 的依赖项部分。

```
chess_vectors_flutter: ">=1.0.6 <2.0.0"
```

然后运行以下命令安装该软件包。

```
flutter pub get
```

将国际象棋的棋子放在正确的位置需要一定的技巧。因此，这里不妨先来了解一下将所有棋子放置在正确位置的约定。

8.7.2　理解映射结构

我们首先创建一个名为 chess_game.dart 的新 dart 文件，这将包含所有游戏逻辑。在该文件中，可声明一个名为 ChessGame 的有状态小部件。

（1）要将棋子映射到棋盘的方格，可使用与构建模型时相同的表示法，以便每个方格都由一个字母和一个数字表示。在 ChessGameState 中可创建一个列表 squareList，以存储所有索引的棋盘方格，如下所示。

```
var squareList = [
["a8","b8","c8","d8","e8","f8","g8","h8"],
["a7","b7","c7","d7","e7","f7","g7","h7"],
["a6","b6","c6","d6","e6","f6","g6","h6"],
["a5","b5","c5","d5","e5","f5","g5","h5"],
["a4","b4","c4","d4","e4","f4","g4","h4"],
["a3","b3","c3","d3","e3","f3","g3","h3"],
["a2","b2","c2","d2","e2","f2","g2","h2"],
["a1","b1","c1","d1","e1","f1","g1","h1"],
];
```

（2）为了将正确的棋子存储在正确的棋盘格中并根据玩家的移动（着法）更新它们，可创建一个名为 board 的 HashMap。

```
HashMap board = new HashMap<String, String>();
```

HashMap 的键将包含棋盘格的索引，而值则是棋盘格中的棋子。我们将使用一个字符串来表示特定的棋子，该字符串将包含一个字母，而这个字母取自于棋子的名称。例如，K 代表王（King），Q 代表后（Queen），R 代表车（Rook），B 代表象（Bishop），N 代表马（kNight），P 代表兵（Pawn）。

我们还可以通过大小写来区分白棋和黑棋。大写字母代表白方棋子，小写字母代表黑方棋子。例如，K 代表白方的王，b 代表黑方的象。因此，以下语句表示索引为'e7'的棋盘格中当前有一个白兵。

```
board['e7'] = "P"
```

（3）现在可以将棋子放在它们的初始位置。为此需要定义 initializeBoard()方法，具体代码如下所示。

```
void initializeBoard() {
  setState(() {
```

```
    for(int i = 8; i >= 1; i--) {
      for(int j = 97; j <= 104; j++) {
        String ch = String.fromCharCode(j)+'$i';
        board[ch] = " ";
      }
    }

    // 放置白方棋子
    board['a1'] = board['h1']= "R";
    board['b1'] = board['g1'] = "N";
    board['c1'] = board['f1'] = "B";
    board['d1'] = "Q";
    board['e1'] = "K";
    board['a2'] = board['b2'] = board['c2'] = board['d2'] =
    board['e2'] = board['f2'] = board['g2'] = board['h2'] = "P";
    // 放置黑方棋子
    board['a8'] = board['h8']= "r";
    board['b8'] = board['g8'] = "n";
    board['c8'] = board['f8'] = "b";
    board['d8'] = "q";
    board['e8'] = "k";
    board['a7'] = board['b7'] = board['c7'] = board['d7'] =
    board['e7'] = board['f7'] = board['g7'] = board['h7'] = "p";
  });
}
```

在上面的方法中，使用了一个简单的嵌套循环遍历所有从 a 到 h 的行和从 1 到 8 的所有列，用空字符串初始化 HashMap 棋盘的所有索引。然后，按步骤（2）中介绍的约定，将棋子放置在它们的初始位置。为了确保在初始化棋盘时重新绘制 UI，我们将整个赋值表包含在 setState()中。

（4）游戏屏幕一旦出现，棋盘就应该初始化。为了确保这一点，需要覆盖 initState()并在该方法中调用 initializeBoard()：

```
@override
void initState() {
  super.initState();
  initializeBoard();
}
```

在理解了棋子的映射结构之后，接下来我们将在屏幕上放置棋子的实际图像。

8.7.3　放置棋子的实际图像

将棋子映射到它们的初始位置后，即可开始放置实际的图像向量。

（1）定义一个名为 mapImages() 的函数，该函数将采用棋盘格的索引，即 HashMap 棋盘的键值，并返回图像。

```
Widget mapImages(String squareName) {
  board.putIfAbsent(squareName, () => " ");
  String p = board[squareName];
  var size = 6.0;
  Widget imageToDisplay = Container();
  switch (p) {
    case "P":
      imageToDisplay = WhitePawn(size: size);
      break;
    case "R":
      imageToDisplay = WhiteRook(size: size);
      break;
    case "N":
      imageToDisplay = WhiteKnight(size: size);
      break;
    case "B":
      imageToDisplay = WhiteBishop(size: size);
      break;
    case "Q":
      imageToDisplay = WhiteQueen(size: size);
      break;
    case "K":
      imageToDisplay = WhiteKing(size: size);
      break;
    case "p":
      imageToDisplay = BlackPawn(size: size);
      break;
    case "r":
      imageToDisplay = BlackRook(size: size);
      break;
    case "n":
      imageToDisplay = BlackKnight(size: size);
      break;
    case "b":
      imageToDisplay = BlackBishop(size: size);
```

```
      break;
    case "q":
      imageToDisplay = BlackQueen(size: size);
      break;
    case "k":
      imageToDisplay = BlackKing(size: size);
      break;
    case "p":
      imageToDisplay = BlackPawn(size: size);
      break;
  }
  return imageToDisplay;
}
```

在上面的函数中，我们构建了一个与棋盘格中包含的棋子名称相对应的 switch case 块。使用 HashMap 找到特定棋盘格中的棋子，然后返回相应的图像。例如，如果将 a1 的值传递给 squareName 并且 HashMap 棋盘具有与键值 a1 对应的值"P"，则将白兵的图像存储在 imageToDisplay 变量中。

请注意，在 64 个棋盘格中，只有 32 个格子包含棋子。其余的将是空白的。因此，在 HashMap 中，棋盘中会存在没有值的键。如果 squareName 没有棋子，则给它传递 imageToDisplay 变量，该变量将只有一个空容器。

（2）在上一步中，我们构建了对应棋盘上每个格子的小部件，这些棋盘格中可能包含棋子（显示一幅图像），也可能没有棋子（只有一个空容器）。现在，让我们将所有小部件排列成行和列。squareName 中的一个特定元素——例如，[a1,b1,....,g1]——包含应该并排放置的棋盘格。因此，可将它们包装成一行并将这些行包装成列。

（3）让我们从定义 buildRow()方法开始，该方法接收一个列表（它本质上是一个来自 sqaureName 的元素列表），并构建一个完整的行。此方法如下所示。

```
Widget buildRow(List<String> children) {
    return Expanded(
        flex: 1,
        child: Row(
            children: children.map((squareName) =>
getImage(squareName)).toList()
        ),
    );
}
```

在上面的代码片段中，遍历了使用 map()方法传递的列表中的每个元素。这将调用

getImage()以获取与棋盘格对应的适当图像。然后,我们将所有这些返回的图像添加为一行的子元素。该行向展开的小部件添加了一个子项并将其返回。

(4) getImage()方法定义如下。

```
Widget getImage(String squareName) {
    return Expanded(
        child: mapImages(squareName),
    );
}
```

可以看到,该方法只是简单地接受 squareName 的值并返回一个扩展的小部件,其中将包含之前定义的 mapImages 返回的图像。稍后我们还会修改此方法以确保玩家可以拖动每幅图像,以便他们可以在棋盘上移动棋子。

(5) 现在需要将已构建的行包装成列。为此可定义一个 buildChessBoard()方法,具体代码如下所示。

```
Widget buildChessBoard() {
    return Container(
        height: 350,
        child: Column(
            children: widget.squareList.map((row) {
                return buildRow(row,);
            }).toList()
        )
    );
}
```

在上面的代码中,我们遍历了 squareList 中的每一行,它表示为一个列表。通过调用 buildRow()构建行并将它们作为子项添加到列中。此列作为子项添加到容器并返回。

(6) 现在将所有棋子连同实际棋盘图像一起放在屏幕上。我们将覆盖 build()方法来构建由棋盘及其棋子的图像组成的小部件层叠布局(Stack)。

```
@override
Widget build(BuildContext context) {
    return Container(
        child: Stack(
            children: <Widget>[
                Container(
                    child: new Center(child:
Image.asset("assets/chess_board.png", fit: BoxFit.cover,)),
                ),
                Center(
```

```
                    child: Container(
                        child: buildChessBoard(),
                    ),
                )
            ],
        )
    );
}
```

上面的方法使用容器构建了一个层叠布局，该容器添加了存储在 assets 文件夹中的棋盘图像。层叠布局的下一个子项是居中对齐的容器，其中包含所有棋子图像，它们是通过调用 buildChessBoard() 添加的（按行和列的形式包装成小部件，然后添加到容器中）。整个层叠布局作为子项被添加到容器并返回，以显示在屏幕上。

此时，应用程序将显示棋盘以及放置在初始位置的所有棋子，如图 8-15 所示。

图 8-15

接下来，我们需要让棋子可以移动，这样就可以真正玩游戏了。

8.7.4　使棋子可移动

本节将用可拖动的方式包装每个棋子，以便用户能够将棋子拖动到目标位置。具体操作步骤如下。

（1）如前文所述，我们声明了一个 HashMap 来存储棋子的位置。棋手在移动棋子时，实际上是从一个棋盘格中取出棋子，然后将其放入另一个棋盘格中。

假设有两个变量：from 和 to，它们将存储用于移动棋子的棋盘格的索引。当进行移动时，实际上就是拿起位于 from 的棋子并将其放入 to。因此，from 处的棋盘格现在是空的。按照这个思路，我们可以定义一个 refreshBoard() 方法，每次移动时都可调用该方法。

```
void refreshBoard(String from, String to) {
    setState(() {
        board[to] = board[from];
        board[from] = " ";
    });
}
```

from 和 to 变量存储的是源棋盘格和目标棋盘格的索引。这些值用作 board HasMhap 中的键。当棋手下棋（移动棋子）时，位于 from 棋盘格的棋子转到 to 棋盘格。在此之后，from 棋盘格应该是空的。该方法包含在 setState() 中，以确保每次移动后更新 UI。

（2）现在将这些棋子设置为可拖动。为此，可向由 getImage() 方法返回的棋盘的每个图像小部件附加一个可拖动对象（Draggable）。

该方法的修改如下所示。

```
Widget getImage(String squareName) {
    return Expanded(
        child: DragTarget<List>(
            builder: (context, accepted, rejected){
                return Draggable<List>(
                    child: mapImages(squareName),
                    feedback: mapImages(squareName),
                    onDragCompleted: () {},
                    data: [
                        squareName,
                    ],
                );
            }, onWillAccept: (willAccept) {
                return true;
            }, onAccept: (List moveInfo) {
                String from = moveInfo[0];
                String to = squareName;
                refreshBoard(from, to);
            }
        )
    );
}
```

在上面的函数中，首先将特定棋盘格的图像包装在 Draggable 中。该类用于感知和跟踪屏幕上的拖动手势。child 属性用于指定正在被拖动的小部件，而小部件内部反馈用于跟踪手指在屏幕上的移动。当拖动完成并且用户抬起手指时，目标将有机会接受所携带的数据。由于要在源棋盘格和目标棋盘格之间移动，因此可添加 Draggable 作为 DragTarget 的子项，以便该小部件可以在源棋盘格和目标棋盘格之间移动。将 onWillAccept 设置为 true，以便可以进行所有移动。

我们也可以修改 onWillAccept 属性，使其拥有一个功能，可以区分符合规则的国际象棋移动（着法），并且禁止不符合规则的移动。

一旦棋子被放下并且拖动完成，onAccept 即被调用。moveInfo 列表包含有关拖动的源棋盘格的信息。在这里，我们调用 refreshBoard() 并传入 from 和 to 的值，以便屏幕可以反映该移动（着法）。

至此，我们完成了向用户显示初始棋盘并赋予棋子在棋盘格之间移动的能力。

在下一节中，我们将通过对托管的国际象棋服务器进行 API 调用来为应用程序添加交互性，这将使该游戏程序瞬间横扫千军，普通玩家根本不是它的对手。

8.8　将国际象棋引擎 API 与 UI 集成

托管的国际象棋服务器将作为对手玩家添加到应用程序中。用户将执白先行，而服务器则执黑后手。这里要实现的游戏逻辑非常简单。应用程序用户走出第一步棋。当用户移动时，他们将棋盘的状态从状态 X 更改为状态 Y。棋盘的状态由 FEN 字符串表示。此外，他们将某个棋子从特定棋盘格 from 移动到另一个棋盘格 to。

当用户下完第一步棋时，状态 X 的 FEN 字符串和当前的移动（通过连接 from 和 to 棋盘格获得）以 POST 请求的形式发送到服务器。作为响应，服务器会进行黑方的移动，并反映在图形界面上。

8.8.1　游戏逻辑

现在让我们看看这个游戏逻辑的代码。

（1）可定义一个名为 getPositionString() 的方法来为应用程序的特定状态生成一个 FEN 字符串，具体代码如下所示。

```
String getPositionString(String move) {
    String s = "";
    for(int i = 8; i >= 1; i--) {
```

```
            int count = 0;
            for(int j = 97; j <= 104; j++) {
                String ch = String.fromCharCode(j)+'$i';
                if(board[ch] == " ") {
                    count += 1;
                    if(j == 104)
                        s = s + "$count";
                } else {
                    if(count > 0)
                        s = s + "$count";
                    s = s + board[ch];count = 0;
                }
            }
        s = s + "/";
        }
        String position = s.substring(0, s.length-1) + " w KQkq - 0 1";
        var json = jsonEncode({"position": position, "moves": move});
}
```

在上面的方法中，采用了 move 作为参数，它是 from 和 to 变量的连接。接下来，为棋盘的当前状态创建了 FEN 字符串。创建 FEN 字符串背后的逻辑是：遍历棋盘的每一行并为该行创建一个字符串。然后将生成的字符串连接到最终字符串。

让我们来看下面一个 FEN 字符串示例。

```
rnbqkbnr/pp1ppppp/8/1p6/8/3P4/PPP1PPPP/RNBQKBNR w KQkq - 0 1
```

在该示例中可见，每一行可以用 8 个或更少的字符表示。特定行的状态通过使用分隔符"/"与另一行分开。对于特定的行，每个棋子都由其指定的符号表示，其中，P 表示白棋的兵，b 表示黑棋的象。每个被占的棋盘格都由棋子符号明确表示。例如，PpkB 表示棋盘上的前 4 个方格分别被白兵、黑兵、黑王和白象占据。对于空的棋盘格，则使用一个整数表示，该数代表连续空棋盘格的计数。在上面的示例 FEN 字符串中，有两行都出现了数字 8，表明这两行的所有 8 个棋盘格都是空的。3P4 表示该行前 3 个格子是空的，第 4 个格子被一个白兵占据，后面 4 个格子又是空的。

在 getPositionString()方法中，遍历了每一行，从 8 倒数到 1，并为每一行生成一个状态字符串。对于每个非空棋盘格，只需在's'变量中添加一个表示占据该棋盘格的棋子的字符。对于每个空棋盘格，则将 count 的值增加 1，并在找到非空棋盘格或到达行尾时将其连接到's'字符串。遍历每一行后，添加"/"来分隔行。

最后，将生成的's'字符串与 w KQkq - 0 1 连接来生成位置字符串，并使用带有键值对的 jsonEncode()生成所需的 JSON 对象。

（2）使用第 8.7.4 节"使棋子可移动"的步骤（1）中介绍的 from 和 to 变量来保存用户的当前移动。这可以通过在 refreshBoard()方法中添加以下两行来实现。

```
void refreshBoard(String from, String to) {
    String move= from + to;
    getPositionString(move);
    .....
}
```

上述代码将 from 和 to 的值连接起来，并将它们存储在一个名为 move 的字符串变量中，然后调用 getPositionString()并将 move 的值传递给它作为参数。

（3）在 makePOSTRequest()方法中使用通过前面的步骤生成的 JSON 向服务器发出 POST 请求。

```
void makePOSTRequest(var json) async{
    var url = 'http://35.200.253.0:8080/play';
    var response = await http.post(url, headers: {"Content-Type":
"application/json"} ,body: json);
    String rsp = response.body;
    String from = rsp.substring(0,3);
    String to = rsp.substring(3);
}
```

上述代码首先将国际象棋服务器的 IP 地址存储在 url 变量中。然后，使用 http.post()发出 HTTP POST 请求，并为 URL、请求标头和正文传递了正确的值。

来自 POST 请求的响应包含来自服务器端的下一次移动（着法），并存储在变量 response 中。响应的主体（body）被解析并存储在名为 rsp 的字符串变量中。该响应基本上是一个字符串，其实就是服务器端的着法（表现形式是源棋盘格和目标棋盘格的连接字符串）。例如，响应字符串 f4a3 表示国际象棋引擎想要将棋盘格 f4 中的棋子移动到棋盘格 a3 中。上述代码使用了 substring()将源棋盘格和目标棋盘格分开，并将值相应存储在 from 和 to 变量中。

（4）现在通过添加对 makePOSTRequest()的调用从 getPositionString()发出 POST 请求，示例代码如下。

```
String getPositionString(String move) {
    .....
    makePOSTRequest(json);
}
```

上述代码是在使用 FEN 字符串生成棋盘的给定状态之后，在函数的最后添加对 makePOSTRequest()的调用。

（5）使用 refreshBoardFromServer()方法刷新棋盘以反映服务器在棋盘上的移动结果。

```
void refreshBoardFromServer(String from, String to) {
    setState(() {
        board[to] = board[from];
        board[from] = " ";
    });
}
```

上述方法中的逻辑非常简单。首先，将映射在 from 索引棋盘格的棋子移动到 to 索引棋盘格，然后清空 from 索引棋盘格。

（6）调用适当的方法以使用最新的移动更新 UI。

```
void makePOSTRequest(var json) async{
    ......
    refreshBoardFromServer(from, to);
    buildChessBoard();
}
```

在 post 请求成功完成并且获得来自服务器的响应后，调用 refreshBoardFromServer() 更新棋盘上的映射。最后，调用 buildChessBoard()反映国际象棋引擎在应用程序屏幕上的最新移动（着法）。

图 8-16 显示了国际象棋引擎移动后更新的 UI。

图 8-16

请注意，白先黑后，这是国际象棋通用规则，也是代码的工作方式。用户执白，所以先下第一步，该棋步将与棋盘的初始状态一起发送到服务器。然后服务器响应该移动，下出自己的应着，UI 更新。作为一项练习，你还可以尝试实现一些逻辑来区分符合棋规和不符合棋规的着法。

ⓘ **注意：**

本项目的完整代码网址如下。

https://github.com/PacktPublishing/Mobile-Deep-Learning-Projects/blob/master/Chapter8/flutter_chess/lib/chess_game.dart

接下来，我们可以创建最终应用程序。

8.8.2　创建最终应用程序

现在可以在 main.dart 中创建最终应用程序。具体操作步骤如下。

（1）创建无状态小部件 **MyApp**，并覆盖其 build()方法，如下所示。

```
class MyApp extends StatelessWidget {
    @override
    Widget build(BuildContext context) {
        return MaterialApp(
            title: 'Chess',
            theme: ThemeData(primarySwatch: Colors.blue,),
            home: MyHomePage(title: 'Chess'),
        );
    }
}
```

（2）创建一个名为 **MyHomePage** 的独立 StatefulWidget，以便将 UI 放置在屏幕中央。MyHomePage 的 build()方法如下所示。

```
@override
Widget build(BuildContext context) {
    return Scaffold(
        appBar: AppBar(title: Text('Chess'),),
        body: Center(
            child: Column(
                mainAxisAlignment: MainAxisAlignment.center,
                children: <Widget>[
                    ChessGame()
```

```
            ],
        ),
    ),
  );
}
```

（3）通过在 main.dart 中添加以下行来执行整个代码。

```
void main() => runApp(MyApp());
```

整个项目至此完成。现在你已经成功开发了一款交互式国际象棋游戏应用程序，如果你有自诩棋艺不错的好友，不妨将你的程序发给他/她，保证会让他/她对自己的下棋能力有一个清醒的认识。

ⓘ 注意:

本项目的完整代码网址如下。

https://github.com/PacktPublishing/Mobile-Deep-Learning-Projects/blob/master/Chapter8/
flutter_chess/lib/main.dart

8.9　小　　结

本章介绍了强化学习的概念，并解释了为什么它在创建游戏 AI 的开发人员中广受欢迎。我们讨论了 Google DeepMind 的 AlphaGo 及其兄弟项目 Alpha Zero，并深入研究了它们的工作算法。

本章创建了一个类似的程序来玩 Connect 4 和国际象棋。我们将 AI 驱动的国际象棋引擎作为 API 部署到 Google 云平台的 GPU 实例上，并将其与基于 Flutter 的应用程序集成。我们还解释了如何使用 UCI 来生成国际象棋的无状态游戏玩法样本。

完成本章项目之后，你应该对如何将游戏转换为强化学习环境、如何以编程方式定义游戏规则以及如何创建玩这些游戏的自学代理有很好的理解。

第 9 章将创建一个可以将低分辨率图像变成高分辨率图像的应用程序。我们将在人工智能的帮助下做到这一点。

第9章　构建超分辨率图像应用程序

照片是保存记忆的很好方式，但是，高分辨率相机和手机摄像头都是最近 10 年才出现的事物。如果你翻开自己以前的相册，会发现保留着美好记忆的很多照片都非常模糊并且质量较差。现在你心中的那些美好时刻，空留下你自己的精神记忆和那些模糊的照片。如果有一项技术能够让你的那些老照片清晰再现昨日时光并且可以看到其中的每一个细节，相信你一定会非常开心。

超分辨率（super-resolution）是基于像素信息的近似，将低分辨率图像转换为高分辨率图像的过程。虽然目前它可能仍不如你想象的那般神奇，但当技术发展到足以成为常见的人工智能应用时，它肯定会成为人人向往的对象。

在本章项目中，我们将构建一个应用程序，该应用程序使用托管在 DigitalOcean Droplet 上的深度学习模型，该模型可并排比较低分辨率和高分辨率图像，让我们对目前技术的有效性有一个很好的了解。我们将使用生成对抗网络（generative adversarial network，GAN）来生成超分辨率图像。

本章涵盖以下主题。

❑　基本项目架构。

❑　理解生成对抗网络（GAN）。

❑　了解图像超分辨率的工作原理。

❑　为超分辨率创建 TensorFlow 模型。

❑　为应用程序构建 UI。

❑　从设备的本地存储中获取图片。

❑　在 DigitalOcean 上托管 TensorFlow 模型。

❑　在 Flutter 程序上集成托管的自定义模型。

❑　创建最终应用程序。

让我们从了解项目的架构开始。

9.1　基本项目架构

在构建项目之前，有必要了解一下项目的基础架构。

本章构建的项目主要分为以下两部分。

❑ Jupyter Notebook：它将创建执行超分辨率的模型。

❑ Flutter 应用程序：它将使用上述模型，在 Jupyter Notebook 上训练后，托管在 DigitalOcean 中的 Droplet 上。

本项目的架构如图 9-1 所示。

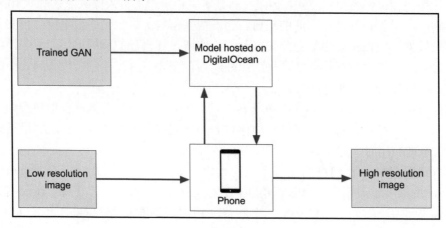

图 9-1

原　　　文	译　　　文
Trained GAN	训练之后生成对抗网络
Model hosted on DigitalOcean	在 DigitalOcean 上托管的模型
Low resolution image	低分辨率图像
Phone	手机
High resolution image	高分辨率图像

该项目的具体流程是：将低分辨率图像放入模型中，该模型是从 Firebase 上托管的 ML Kit 实例中提取并放入 Flutter 应用程序中的。其输出则是生成的高分辨率图像，它将显示给用户。该模型缓存在设备上，只有在开发人员更新模型时才会更新，因此可以通过减少网络延迟来更快地进行预测。

现在，让我们更深入地了解一下 GAN。

9.2　理解 GAN

由 Ian Goodfellow 和 Yoshua Bengio 等人在 NeurIPS 2014 中提出的生成对抗网络

（GAN）现在可谓席卷全球，火遍网络。GAN 可以应用于各种领域，根据模型学习到的真实世界数据样本的近似值生成新的内容或序列。GAN 已被大量用于生成音乐和艺术的新样本，如图 9-2 所示的这些面孔，而训练数据集中并不存在这些面孔。

图 9-2

图 9-2 是 GAN 经过 60 轮训练后生成的人脸。该图像取自以下网址。

https://github.com/gsurma/face_generator

图 9-2 的面孔中存在的真实感证明了 GAN 的力量——当它们获得良好的训练样本量时，它们几乎可以学会生成任何类型的模式。

GAN 的核心概念可以用两个玩家玩游戏来解释。在这个游戏中，其中一个玩家随便说出一句话，另一个玩家通过考虑第一个玩家的用词来指出这句话是真的还是假的。第二个玩家唯一可以使用的知识是真话和假话中常用的单词（以及单词的用法）。

这也可以描述为两个人在进行由极小极大算法（minimax algorithm）主导的游戏（中国象棋、国际象棋和围棋等都是典型的由极小极大算法主导的游戏），两个玩家都竭尽全力反击对方的移动（着法）。

在生成对抗网络（GAN）中，第一个玩家是生成器（generator，G），可以将它理解为专门制作赝品的造假者；第二个玩家是鉴别器（discriminator，D），可以将它视为古董鉴别专家。G 和 D 实际上都是常规 GAN 中的神经网络。生成器从训练数据集给出的样本中学习，并生成新样本以骗过鉴别器。

鉴别器从训练样本（正样本）和生成器生成的样本（负样本）中学习，并尝试识别出哪些图像是数据集中存在的，哪些图像是由生成器伪造的。它从生成器（G）中获取生成的图像，并尝试将其分类为真实图像（存在于训练样本中）或生成的图像（不存在于数据库中）。

通过反向传播（backpropagation），GAN 试图不断减少鉴别器能够对生成器正确生成的图像进行分类的次数。一段时间后，我们希望达到鉴别器在识别生成的图像时开始表现不佳的阶段。这时 GAN 就可以停止学习了，然后它可以使用生成器根据需要生成尽可能多的新样本。也就是说，通过生成器（赝品制作者）和鉴别器（古董鉴别专家）的不断对抗，最后赝品制作者达到了完全以假乱真的地步，"真"古董可以从赝品制作者的手中源源不断地制造出来。

因此，训练 GAN 意味着训练生成器从随机输入生成输出，以便鉴别器无法将它们识别为伪造的图像。

鉴别器将传递给它的所有图像分为两类。

❑ 真实图像：存在于数据集中或使用相机拍摄的图像。

❑ 伪造图像：使用软件生成的图像。

生成器在欺骗鉴别器方面做得越好，当向它提供任何随机输入序列时，它产生的输出就越真实。

图 9-3 显示了 GAN 的工作原理。

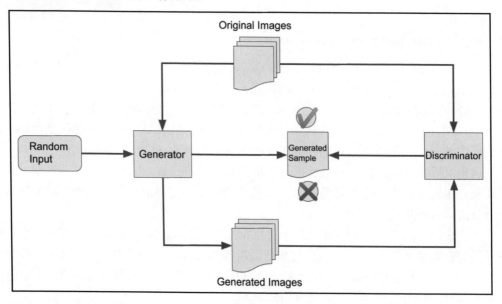

图 9-3

原　　文	译　　文	原　　文	译　　文
Random Input	随机输入	Generated Images	生成的图像
Original Images	初始图像	Discriminator	鉴别器
Generator	生成器	Generated Sample	生成的样本

GAN 有许多不同的变体，所有这些变体都取决于它们正在执行的任务。

其中一些变体如下。

❑ 渐进式 GAN（progressive GAN，ProGAN）：在 ICLR 2018 上的一篇论文提出，

渐进式 GAN 是生成器和鉴别器都从低分辨率图像开始，并随着图像层数的增加逐渐训练，使系统能够快速生成非常高分辨率的图像。例如，第一次迭代生成的图像是 10×10 像素，在第二代它变成 20×20 像素，以此类推，直到获得非常高分辨率的图像。生成器和鉴别器都一起在深度上增长。

❑ 条件 GAN（conditional GAN）：假设你有一个 GAN，它可以生成 10 个不同类别的样本，但在某些时候，你希望它在给定的类或类集内生成一个样本，这就是条件 GAN 发挥作用的时候。条件 GAN 允许生成任何给定标签的样本，其中包括 GAN 已训练生成的所有标签。

条件 GAN 的一个核心思想就是添加条件约束，它在图像到图像的转换领域已经完成了一个非常流行的应用，那就是从一幅图像生成另一幅相似但不同风格的图像。例如，将人脸变老或变年轻，给风景画转换季节等。你还可以通过以下网址的演示来尝试对一些猫进行涂鸦并获得逼真的涂鸦版本。

https://affinelayer.com/pixsrv/

❑ 堆叠 GAN（stacked GAN）：堆叠 GAN 最流行的应用是基于文本描述生成图像。在第一阶段，GAN 生成所描述项目的轮廓，在第二阶段，它根据描述添加颜色。然后，后续层中的 GAN 会向图像添加更多细节，以生成图像的真实感版本。通过观察堆叠 GAN 的第一次迭代中的图像（已经处于最终输出的维度），可以将堆叠 GAN 与渐进式 GAN 区分开来。当然，与渐进式 GAN 类似，在第一次迭代中的图像细节是最少的，需要更多的层才能将其馈送到鉴别器。

在本章项目中，我们将讨论另一种 GAN 变体，称为超分辨率 GAN（super-resolution GAN，SRGAN）。接下来我们将介绍有关此变体的更多信息。

9.3　了解图像超分辨率的工作原理

让低分辨率图像更精细、分辨率更高的追求和愿望已经存在了几十年。超分辨率是一组可将低分辨率图像转换为超高分辨率图像的技术，是最令图像处理工程师和研究人员兴奋的工作领域之一。

研究人员已经建立了若干种方法来实现图像的超分辨率，并且它们都在实现目标方面取得了不同程度的成功。但是，近年来，随着 SRGAN 的发展，既往的方法都有点相形见绌，因为 SRGAN 在使用任何低分辨率图像实现超分辨率方面有了重大改进。

在讨论 SRGAN 之前，不妨先来了解一些与图像超分辨率相关的概念。

9.3.1　理解图像分辨率

从性质上来说，图像的分辨率取决于其清晰度。

分辨率可按以下方式分类。

❑　像素分辨率。

❑　空间分辨率。

❑　时间分辨率。

❑　光谱分辨率。

❑　辐射分辨率。

让我们来仔细讨论一下每种分辨率。

9.3.2　像素分辨率

像素分辨率（pixel resolution）是用于指定分辨率的最流行的格式之一。像素分辨率最常指的是形成图像所涉及的像素数。单个像素是可以在任何给定查看设备上显示的最小单位。多个像素组合在一起即可形成图像。

在本书第 2 章"移动视觉——使用设备内置模型执行人脸检测"中已经讨论了图像处理，并将像素称为存储在表示图像的矩阵中的颜色信息的单个单元。像素分辨率定义了形成数字图像所需的像素元素总数，这可能与图像上可见的有效像素数不同。

标记图像像素分辨率的一种常见表示法是用百万像素来表示的。给定 $N×M$ 像素分辨率的图像，其分辨率可以写为($N×M$/1000000)百万像素。因此，尺寸为 2000×3000 像素的图像将有 6000000 个像素，其分辨率可以表示为 600 万像素。

9.3.3　空间分辨率

空间分辨率（spatial resolution）是观察图像的人可以分辨出图像中紧密排列的线条的程度的度量。这意味着，"图像的像素越多，清晰度就越好"的想法并不完全正确。这是因为，具有较高像素数的图像其空间分辨率也可能较低。因此，需要良好的空间分辨率以及良好的像素分辨率才能以良好的质量呈现图像。

它也可以定义为像素侧代表的距离量。空间分辨率所表示的尺寸在图像上是离散的，它反映了图像的空间详细程度。空间分辨率越高，其识别物体的能力越强。当然，空间分辨率的大小仅表明图像细节的可见程度，每一目标在图像上的可分辨程度并不完全取决于空间分辨率的具体数值，而是与目标的形状、大小及它与周围物体的亮度、结构的相对差异有关。

9.3.4　时间分辨率

分辨率也可能取决于时间。例如，由卫星或使用无人驾驶飞行器（unmanned aerial vehicle，UAV）拍摄的同一区域的图像可能会随时间而有所不同。重新捕获同一区域的图像所需的时间称为时间分辨率（temporal resolution）。

时间分辨率是在时间尺度上分辨物体的能力。例如，我们无法清楚观察到子弹击中钢板时的瞬间变化，这就是因为人类肉眼的时间分辨率不够。采用高速摄像机则可以清晰拍摄到子弹穿透钢板时的爆炸过程。

时间分辨率主要取决于捕获图像的设备。这可能是有变化的，例如，在高速公路的路边会有速度陷阱相机，当特定传感器被触发时执行即捕获图像；它也可以是恒定的，例如，相机可以配置为每隔 x 秒拍摄照片。

9.3.5　光谱分辨率

光谱分辨率（spectral resolution）是指图像捕捉设备可以记录的波段数。它也可以定义为波段的宽度或每个波段的波长范围。一般来说，传感器的波段数越多，波段宽度越窄，地面物体的信息越容易区分和识别，针对性越强。

在数字成像方面，光谱分辨率类似于图像中的通道数。另一种理解光谱分辨率的方法是任何给定图像或波段记录中可区分波段的数量。

黑白图像中的波段数为 1，而彩色（RGB）图像中的波段数为 3。我们可以捕获数百个波段的图像，其中某些波段可提供有关图像的不同类型的信息。

9.3.6　辐射分辨率

辐射分辨率（radiometric resolution）是传感器区分物体辐射能量细微变化的能力，也是捕获设备表示在任何波段/通道上接收到的强度（intensity）的能力。辐射分辨率越高，设备捕获其通道上的强度就越准确，图像就越逼真。

辐射分辨率类似于图像的每像素位数。8 位图像像素可以表示 2^8（256）种不同的强度，而 256 位图像像素则可以表示 2^{256} 种不同的强度。黑白图像具有 1 位辐射分辨率，这意味着它在每个像素中只能有两个不同的值，即 0 和 1。

接下来，我们可以尝试理解 SRGAN。

9.3.7　理解 SRGAN

SRGAN 是一类专注于从低分辨率图像创建超分辨率图像的 GAN。

SRGAN 算法的功能描述如下。

该算法从数据集中挑选高分辨率图像并将其采样为低分辨率图像。然后，生成器神经网络尝试从低分辨率图像生成更高分辨率的图像。从现在开始，我们将称之为超分辨率图像。超分辨率图像被发送到鉴别器神经网络，该神经网络已经对高分辨率图像的样本和一些基本的超分辨率图像进行了训练，以便对它们进行分类。

鉴别器将生成器发送给它的超分辨率图像分类为有效的高分辨率图像、伪造的高分辨率图像或超分辨率图像。如果图像被归类为超分辨率图像，则 GAN 损失将通过生成器网络反向传播，以便下次生成更好的假图像。

随着时间的推移，生成器将学习如何创建更好的假图像，而鉴别器则逐渐无法正确识别超分辨率图像。此时 GAN 可以停止学习。

图 9-4 显示了 SRGAN 算法的示意图。

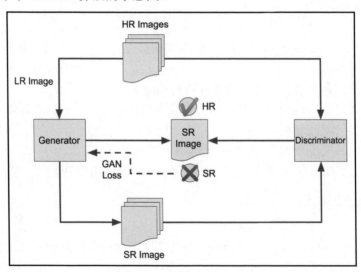

图 9-4

原　　文	译　　文	原　　文	译　　文
HR Images	高分辨率图像	GAN Loss	GAN 损失
LR Image	低分辨率图像	Discriminator	鉴别器
Generator	生成器	SR Image	超分辨率图像

接下来，我们将为超分辨率创建 SRGAN 模型。

9.4　为超分辨率创建 TensorFlow 模型

现在我们将开始构建一个对图像执行超分辨率的 GAN 模型。在深入研究代码之前，我们需要了解项目目录的组织方式。

9.4.1　项目目录结构

本章包含以下文件和文件夹。

api/：

❑　model/：

➢　__init__.py：该文件表示这个文件的父文件夹可以像模块一样导入。

➢　common.py：包含任何 GAN 模型所需的常用函数。

➢　srgan.py：包含开发 SRGAN 模型所需的函数。

❑　weights/：

➢　gan_generator.h5：模型的预训练权重文件。可使用它来快速运行并检查项目是如何工作的。

❑　data.py：用于下载、提取和加载 DIV2K 数据集中图像的实用函数。

❑　flask_app.py：我们将使用此文件创建将部署在 DigitalOcean 上的服务器。

❑　train.py：模型训练文件。下文将更深入地讨论该文件。

ℹ️ 注意：

本项目此部分的源代码网址如下。

https://github.com/PacktPublishing/Mobile-Deep-Learning-Projects/tree/master/Chapter9/api

在图像恢复和增强新趋势（New Trends in Image Restoration and Enhancement，NTIRE）2017 单图像超分辨率挑战赛（Challenge on Single Image Super-Resolution）中引入了 Diverse 2K（DIV2K）数据集，在 2018 年的挑战赛中也使用了该数据集。

接下来，我们将构建 SRGAN 模型脚本。

9.4.2　为超分辨率创建 SRGAN 模型

首先处理 train.py 文件。

（1）将必要的模块导入到项目中。

```
import os

from data import DIV2K
from model.srgan import generator, discriminator
from train import SrganTrainer, SrganGeneratorTrainer
```

上述代码导入了一些现成的类，如 SrganTrainer、SrganGeneratorTrainer 等。下文还将详细讨论它们。

（2）现在为权重创建一个目录。该目录也将存储中间模型。

```
weights_dir = 'weights'
weights_file = lambda filename: os.path.join(weights_dir, filename)

os.makedirs(weights_dir, exist_ok=True)
```

（3）从 DIV2K 数据集下载并加载图像。我们将分别下载训练（training）和验证（validation）图像。在这两个图像集中，可发现图像被分为两对——高分辨率图像和低分辨率图像。当然，它们是单独下载的。

```
div2k_train = DIV2K(scale=4,subset='train',downgrade='bicubic')
div2k_valid = DIV2K(scale=4,subset='valid',downgrade='bicubic')
```

（4）下载数据集并将其加载到变量中后，需要将训练图像和验证图像都转换为 TensorFlow 数据集对象。此步骤还会将两个数据集中的高分辨率和低分辨率图像结合在一起，示例代码如下。

```
train_ds = div2k_train.dataset(batch_size = 16,
random_transform = True)
valid_ds = div2k_valid.dataset(batch_size=16,
random_transform=True,repeat_count=1)
```

（5）本书在第 9.2 节"理解 GAN"中已经介绍过，为了让生成器生成假图像，它需要先进行学习。为此可以快速训练一个神经网络，使其能够生成基本的超分辨率图像。我们将其命名为预训练器（pre-trainer）。然后将预训练器的权重迁移到实际的 SRGAN，以便它可以通过与鉴别器对抗而学到更多。

构建并运行预训练器的代码如下。

```
pre_trainer = SrganGeneratorTrainer(model=generator(),
checkpoint_dir=f'.ckpt/pre_generator')
pre_trainer.train(train_ds,
```

```
                        valid_ds.take(10),
                        steps=1000000,
                        evaluate_every=1000,
                        save_best_only=False)

pre_trainer.model.save_weights(weights_file('pre_generator.h5'))
```

现在我们已经训练了一个基本模型并保存了它的权重。我们可以随时更改 SRGAN 并通过加载基本模型的权重重新从基本训练开始。

（6）将预训练器的权重加载到 SRGAN 对象中并执行训练迭代。

```
gan_generator = generator()
gan_generator.load_weights(weights_file('pre_generator.h5'))

gan_trainer = SrganTrainer(generator=gan_generator,
discriminator=discriminator())
gan_trainer.train(train_ds, steps=200000)
```

值得一提的是，在具有 8 GB RAM 和 Intel i7 处理器的普通机器上，上述代码中的训练操作可能需要大量时间。建议在具有图形处理单元（graphics processing unit，GPU）的基于云的虚拟机中执行此训练。

（7）最后保存 GAN 生成器和鉴别器的权重。

```
gan_trainer.generator.save_weights(weights_file('gan_generator.h5'))
gan_trainer.discriminator.save_weights(weights_file
('gan_discriminator.h5'))
```

接下来，我们将构建使用此模型的 Flutter 应用程序的 UI。

9.5　为应用程序构建 UI

在理解了图像超分辨率模型的基本功能并为其创建了模型之后，现在我们要做的就是深入了解构建 Flutter 应用程序。本节将构建应用程序的 UI。

该应用程序的 UI 将非常简单：它包含两个图像小部件和一个按钮小部件。当用户点击按钮小部件时，即可从设备的图库中选择图像。相同的图像将作为输入发送到托管模型的服务器。服务器将返回增强之后的超分辨率图像。屏幕上的两个图像小部件将用于显示服务器的输入和输出结果。

图 9-5 显示了该应用程序的基本结构和最终流程。

该应用程序的 3 个主要小部件可以简单地排列在一列中。

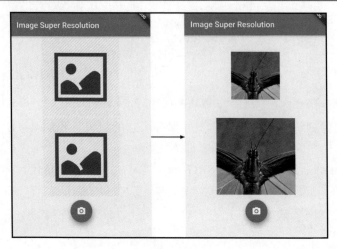

图 9-5

图 9-6 显示了该应用程序的小部件树。

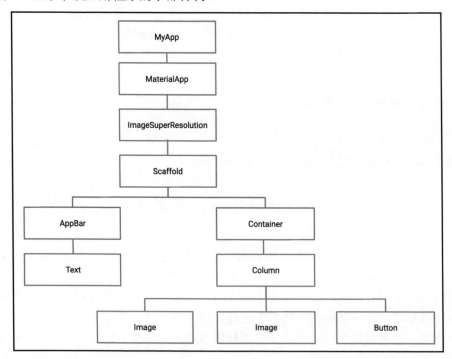

图 9-6

现在可以编写代码来构建主屏幕。

要创建和放置应用程序小部件，请按以下步骤操作。

（1）新建一个名为 image_super_resolution.dart 的文件。这将包含一个名为 ImageSuperResolution 的无状态小部件。这个小部件将包含应用程序主屏幕的代码。

（2）定义一个名为 buildImageInput() 的函数，该函数将返回一个小部件，该小部件负责显示用户选择的图像。

```
Widget buildImage1() {
    return Expanded(
        child: Container(
            width: 200,
            height: 200,
            child: img1
        )
    );
}
```

此函数返回一个以 Container 作为其子项的 Expanded 小部件。Container 的宽和高都是 200，Container 的子项最初是一个存放在 assets 文件夹中的占位符图像，可以通过 img1 变量访问，如下所示。

```
var img1 = Image.asset('assets/place_holder_image.png');
```

还可以在 pubspec.yaml 文件中添加该图像的路径，如下所示。

```
flutter:
    assets:
        - assets/place_holder_image.png
```

（3）创建另一个函数 buildImageOutput()，它将返回一个小部件，该小部件负责显示模型返回的增强图像。

```
Widget buildImageOutput() {
    return Expanded(
        child: Container(
            width: 200,
            height: 200,
            child: imageOutput
        )
    );
}
```

此函数返回一个以 Container 作为其子项的 Expanded 小部件。Container 的宽度和高度均设置为 200。Container 的子项是一个名为 imageOutput 的小部件。同样，imageOutput

最初也将包含一个占位符图像，如下所示。

```
Widget imageOutput = Image.asset('assets/place_holder_image.png');
```

将模型集成到应用程序中后，将会更新 imageOutput。

（4）定义第三个函数 buildPickImageButton()，该函数可返回一个 Widget，用于从设备的图库中选择图像。

```
Widget buildPickImageButton() {
    return Container(
        margin: EdgeInsets.all(8),
        child: FloatingActionButton(
            elevation: 8,
            child: Icon(Icons.camera_alt),
            onPressed: () => {},
        )
    );
}
```

此函数返回一个 Container，其中 FloatingActionButton 作为其子项。按钮的 elevation 属性控制其下方阴影的大小，设置为 8。为了体现该按钮是用于选择图像的，它已通过 Icon 类赋予了一个相机的图标。

该按钮的 onPressed 属性暂时设置为空白。下文将定义一个函数，该函数使用户能够在点击该按钮时从设备的图库中选择图像。

（5）覆盖 build 方法以返回应用程序的 Scaffold。

```
@override
Widget build(BuildContext context) {
    return Scaffold(
        appBar: AppBar(title: Text('Image Super Resolution')),
        body: Container(
            child: Column(
                crossAxisAlignment: CrossAxisAlignment.center,
                children: <Widget>[
                    buildImageInput(),
                    buildImageOutput(),
                    buildPickImageButton()
                ]
            )
        )
    );
}
```

Scaffold 包含一个 appBar，其标题设置为 Image Super Resolution（图像超分辨率）。Scaffold 的主体是一个 Container，它的子项是一个 Column。该列的子项是我们在前面的步骤中构建的 3 个小部件。

此外，我们还将 Column 的 crossAxisAlignment 属性设置为 CrossAxisAlignment.center，以确保该列位于屏幕的中心。

至此，我们已经成功构建了该应用程序的初始状态。图 9-7 显示了该应用程序目前的外观效果。

图 9-7

虽然该屏幕看起来不错，但它现在其实还不能正常工作。接下来，还需要向该应用程序添加功能。例如，添加让用户从图库中选择图像的功能。

9.6　从设备的本地存储中获取图片

本节将添加 FloatingActionButton 的功能，让用户能够从设备的图库中选择图像。图像将被发送到服务器，以便可以接收增强之后的超分辨率图像。

要启动图库并让用户选择图像，请按以下步骤操作。

（1）为了允许用户从设备的图库中选择图像，可使用 image_picker 库。这将启动图库并存储用户选择的图像文件。首先需要在 pubspec.yaml 文件中添加一个依赖项。

```
image_picker: 0.4.12+1
```

在终端上运行以下命令来获取该库。

```
flutter pub get
```

（2）在 image_super_resolution.dart 文件中导入库。

```
import 'package:image_picker/image_picker.dart';
```

（3）定义 pickImage()函数，以允许用户从图库中选择一幅图像。

```
void pickImage() async {
    File pickedImg = await ImagePicker.pickImage(source:
ImageSource.gallery);
}
```

（4）在函数内部，需调用 ImagePicker.pickImage()并将源指定为 ImageSource.gallery。
image_picker 库本身会负责启动设备的图库。用户选择的图像文件最终由函数返回。将函
数返回的文件存储在 pickedImg 变量中，该变量为 File 类型。

（5）定义 loadImage()函数，以便在屏幕上显示用户选择的图像。

```
void loadImage(File file) {
    setState(() {
        img1 = Image.file(file);
    });
}
```

此函数将用户选择的图像文件作为输入。在函数内部，则是将之前声明的 img1 变量
的值设置为 Image.file(file)，该变量返回从 file 构建的 Image 小部件。

回想一下，img1 最初被设置为占位符图像。为了重新渲染屏幕并显示用户选择的图
像，需要将 img1 的新赋值包含在 setState()中。

（6）将 pickImage()添加到 builtPickImageButton()内 FloatingActionButton 的 onPressed
属性。

```
Widget buildPickImageButton() {
    return Container(
        ....
        child: FloatingActionButton(
            ....
            onPressed: () => pickImage(),
        )
    );
}
```

这样处理之后，当用户点击浮动按钮时，即可启动图库，以便选择图像。

（7）在 pickImage() 中添加对 loadImage() 的调用。

```
void pickImage() async {
    ....
    loadImage(pickedImg);
}
```

在 loadImage() 中，传入了用户选择的图像，该图像存储在 pickImage 变量中，以便可以在应用程序的屏幕上查看。

完成上述所有步骤后，该应用程序将如图 9-8 所示。

图 9-8

至此，我们已经构建了应用程序的用户界面，并且添加了一些功能，让用户可以从设备的图库中选择图像并将其显示在屏幕上。

在下一节中，我们将学习如何将第 9.4 节"为超分辨率创建 TensorFlow 模型"中构建的模型托管为 API，以便可以使用它来执行超分辨率增强。

9.7　在 DigitalOcean 上托管 TensorFlow 模型

DigitalOcean 是一个低成本的云解决方案平台，它非常容易上手，并为应用程序开发人员提供了应用程序后端支持所需的几乎所有内容。DigitalOcean 的界面使用起来非常简单，并且还提供了关于在云上设置不同类型的应用程序服务器的详细说明文档。

在此项目中，我们将使用 DigitalOcean 的 Droplet 部署超分辨率 API。DigitalOcean 中的 Droplet 是一个通常在共享硬件空间上运行的虚拟机。

首先，我们将在项目目录中创建 flask_app.py 文件并添加服务器运行所需的代码。

9.7.1　创建一个 Flask 服务器脚本

本节将处理 flask_app.py 文件，该文件将作为服务器在云虚拟机上运行。

具体操作步骤如下。

（1）导入必要的依赖项。

```
from flask import Flask, request, jsonify, send_file
import os
import time

from matplotlib.image import imsave

from model.srgan import generator

from model import resolve_single
```

（2）定义权重目录并将生成器权重加载到文件中。

```
weights_dir = 'weights'
weights_file = lambda filename: os.path.join(weights_dir, filename)

gan_generator = generator()
gan_generator.load_weights(weights_file('gan_generator.h5'))
```

（3）使用以下代码行实例化 Flask 应用程序。

```
app = Flask(__name__)
```

（4）下面构建服务器将侦听的路由。

创建/generate 路由，它将图像作为输入，生成它的超分辨率版本，并将生成的高分辨率图像的文件名返回给用户。

```
@app.route('/generate', methods=["GET", "POST"])
def generate():

    global gan_generator
```

```
imgData = request.get_data()
with open("input.png", 'wb') as output:
    output.write(imgData)

lr = load_image("input.png")
gan_sr = resolve_single(gan_generator, lr)
epoch_time = int(time.time())
outputfile = 'output_%s.png' % (epoch_time)
imsave(outputfile, gan_sr.numpy())
response = {'result': outputfile}

return jsonify(response)
```

在上述代码中，/generate 路由已设置为仅侦听 HTTP 请求的 GET 和 POST 方法。

首先，该方法获取在 API 请求中提供给它的图像，将其转换为 NumPy 数组，然后将其提供给 SRGAN 模型。SRGAN 模型返回超分辨率图像，然后为其分配唯一名称并存储在服务器上。

用户将显示该文件的名称，他们可以使用该名称调用另一个端点来下载文件。下面我们就需要构建这个端点。

（5）要创建端点以下载生成的文件，可使用以下代码。

```
@app.route('/download/<fname>', methods=['GET'])
def download(fname):
    return send_file(fname)
```

在这里，我们创建了一个名为/download 的端点，当附加文件名时，它会获取该文件并将其发送回用户。

（6）编写执行此脚本并设置服务器的代码。

```
app.run(host="0.0.0.0", port="8080")
```

保存该文件。确保将你的存储库推送到 GitHub/GitLab 存储库。

接下来，可将此脚本部署到 DigitalOcean Droplet。

9.7.2　将 Flask 脚本部署到 DigitalOcean Droplet

要将 Flask 脚本部署到 DigitalOcean Droplet，必须创建一个 DigitalOcean 账户并创建一个 Droplet。请按照以下步骤操作。

（1）在 Web 浏览器上打开以下网址。

```
digitalocean.com
```

提示：

如果你希望在添加账单明细后获得 100 美元的信用额度，也可以访问以下网址。

https://m.do.co/c/ca4f8fcaa7e9

稍后会演示该操作。

（2）在 DigitalOcean 的注册表中填写你的详细信息，然后提交表单以进行下一步。

（3）你将被要求验证电子邮件地址并为你的 DigitalOcean 账户添加计费方式。

（4）在下一步中，系统将提示你创建第一个项目。输入所需的详细信息并提交表格以创建你的项目，如图 9-9 所示。

（5）创建项目后，将转到 DigitalOcean 仪表板。此时可以看到 Create a Droplet（New Droplet）的提示，如图 9-10 所示。

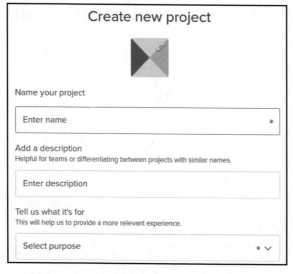

图 9-9

图 9-10

（6）单击 New Droplet（新建 Droplet）提示以调出 Droplet 创建表单。你可以根据自己的需要选择表 9-1 中描述的选项。

表 9-1

字　　段	描　　述	要使用的值
Choose an image（选择一个镜像）	选择一个操作系统，你的 Droplet 将在其上运行	Ubuntu 18.04（或最新可用版本）
Choose a plan（选择一个计划）	为 Droplet 选择配置	4 GB RAM 或更高

续表

字　段	描　述	要使用的值
Add block storage（添加块存储）	为 Droplet 添加额外的持久、可分离的存储卷	保留为默认值
Choose a datacenter region（选择数据中心区域）	提供 Droplet 服务的区域	根据你的喜好任意选择一个
Select additional options（选择附加选项）	选择将与 Droplet 一起使用的任何附加功能	保留为默认值
Authentication（身份验证）	选择虚拟机的身份验证方法	一次性密码
Finalize and create（确定并创建）	为 Droplet 完成一些额外的设置和选项	保留为默认值

（7）单击 Create Droplet（创建 Droplet）并等待 DigitalOcean 配置你的 Droplet。

（8）创建 Droplet 后，单击其名称以显示 Droplet 管理控制台，如图 9-11 所示。

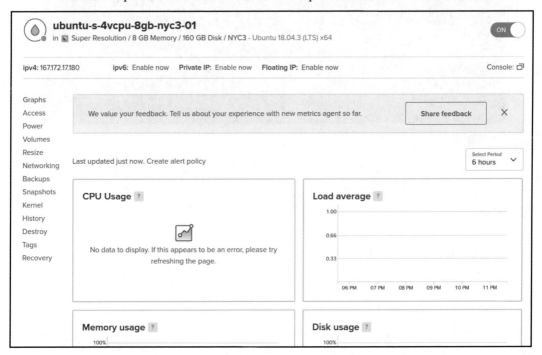

图 9-11

（9）现在可以使用图 9-11 中显示的 Droplet 控制台左侧导航菜单上的 Access（访问）标签登录到 Droplet。

单击 Access（访问），然后单击 Launch Console（启动控制台）。

（10）此时将打开一个新的浏览器窗口，显示你的 Droplet 的虚拟网络控制台（virtual network console，VNC）视图。系统会要求你输入 Droplet 的用户名和密码。此处使用的用户名必须是 root。密码可以在你注册的电子邮件的收件箱中找到。

（11）首次登录时，系统会要求更改 Droplet 密码。确保选择强密码。

（12）登录 Droplet 后，可以在虚拟网络控制台（VNC）终端上看到一些 Ubuntu 欢迎文本，如图 9-12 所示。

```
Welcome to Ubuntu 18.04.3 LTS (GNU/Linux 4.15.0-66-generic x86_64)

 * Documentation:  https://help.ubuntu.com
 * Management:     https://landscape.canonical.com
 * Support:        https://ubuntu.com/advantage

 System information as of Wed Mar 18 18:16:10 UTC 2020

 System load:   0.18              Processes:            111
 Usage of /:    0.7% of 154.90GB  Users logged in:      0
 Memory usage:  2%                IP address for eth0:  167.172.17.180
 Swap usage:    0%

111 packages can be updated.
63 updates are security updates.


root@ubuntu-s-4vcpu-8gb-nyc3-01:~# _
```

图 9-12

（13）现在执行本书附录中提供的在云端虚拟机上设置深度学习环境的步骤。

（14）将项目存储库复制到你的 Droplet，并使用以下命令将你的工作目录更改为存储库的 api 文件夹。

```
git clone https://github.com/yourusername/yourrepo.git
cd yourrepo/api
```

（15）使用以下命令运行服务器。

```
python3 flask_app.py
```

除了来自 TensorFlow 的一些警告消息外，在终端输出的末尾，你应该能看到如图 9-13 所示的行，表明服务器已成功启动。

现在，你的服务器已在 Droplet 的 IP 上运行。

接下来，我们将学习如何使用 Flutter 应用程序向服务器发出 POST 请求并在屏幕上显示服务器的响应。

图 9-13

9.8　在 Flutter 上集成托管的自定义模型

本节将向托管模型发出 POST 请求，并传入用户选择的图像。服务器将以 PNG 格式的 NetworkImage 响应。然后，我们将更新之前添加的图像小部件以显示模型返回的增强后的超分辨率图像。

要将托管模型集成到应用程序中，可按以下步骤操作。

（1）我们还需要两个外部库才能成功发出 POST 请求。因此，需将以下库作为依赖项添加到 pubspec.yaml 文件中。

```
dependencies:
    flutter:
        http: 0.12.0+4
        mime: 0.9.6+3
```

http 依赖项包含一组类和函数，使 HTTP 资源的利用变得非常方便。mime 依赖项则用于处理 MIME 媒体类型的流。

运行以下命令确保所有依赖项都已正确安装到项目中。

```
flutter pub get
```

（2）将所有新添加的依赖项导入 image_super_resolution.dart 文件中。

```
import 'package:http/http.dart' as http;
import 'package:mime/mime.dart';
```

（3）现在需要定义 fetchResponse()，它将接收用户选定的图像文件并创建发往服务器的 POST 请求。

```
void fetchResponse(File image) async {
    final mimeTypeData =
```

```
      lookupMimeType(image.path, headerBytes:[0xFF, 0xD8]).split('/');

   final imageUploadRequest = http.MultipartRequest('POST',
Uri.parse("http://x.x.x.x:8080/generate"));

   final file = await http.MultipartFile.fromPath('image', image.path,
      contentType: MediaType(mimeTypeData[0], mimeTypeData[1]));
   imageUploadRequest.fields['ext'] = mimeTypeData[1];
   imageUploadRequest.files.add(file);
   try {
      final streamedResponse = await imageUploadRequest.send();
      final response = await http.Response.fromStream(streamedResponse);
      final Map<String,dynamic> responseData =json.decode(response.body);
      String outputFile = responseData['result'];
   } catch (e) {
      print(e);
      return null;
   }
}
```

在上面的方法中，使用了 lookupMimeType 函数通过文件的路径和文件头查找所选文件的 MIME 类型。然后，初始化了一个 MultipartRequest 请求，这也正是托管模型的服务器所期望的。我们使用 HTTP 来做到这一点。

该方法使用了 MultipartFile.fromPath 并将 image 的值设置为 image.path（这是附加的 POST 参数）。

请注意，这里将图像的扩展名显式传递给了请求正文，因为 image_picker 有一些小毛病，它会将图像扩展名与文件名（如 filenamejpeg）搞混，若不这样处理，在管理或验证文件扩展名时会在服务器端造成问题。

来自服务器的响应将存储在 response 变量中。该响应是 JSON 格式的，因此需要使用 json.decode()对其进行解码。该函数可接收响应的主体，使用 response.body 访问该主体。解码后的 JSON 存储在 responseData 变量中。

最后，使用 responseDate['result']访问服务器的输出并将其存储在 outputFile 变量中。

（4）定义 displayResponseImage()函数，该函数可在 outputFile 参数中接收服务器返回的 PNG 文件的名称。

```
void displayResponseImage(String outputFile) {
   print("Updating Image");
   outputFile = 'http://x.x.x.x:8080/download/' + outputFile;
   setState(() {
```

```
        imageOutput = Image(image: NetworkImage(outputFile));
    });
}
```

由于服务器的位置不同，因此我们还需要在文件名之前附加一个字符串，以将接收到的图像显示在屏幕上。该字符串首先应包含服务器运行的端口地址，后跟/download/<outputFile>。

然后，可以使用 outputFile 的最终值作为 url 值将 imageOutput 小部件的值设置为 NetworkImage。

值得一提的是，需要将它包含在 setState()中，以便在正确获取响应后刷新屏幕。

（5）在 fetchResponse()的最后调用 displayResponseImage()，并传入从托管模型接收到的 outputFile。

```
void fetchResponse(File image) async {
    ....
    displayResponseImage(outputFile);
}
```

（6）通过传入用户最初选择的图像，从 pickImage()添加对 fetchResponse()的调用。具体如下所示。

```
void pickImage() async {
    ....
    fetchResponse(pickedImg);
}
```

在上面的步骤中，首先向托管模型的服务器发出 POST 请求。然后，解码响应并添加代码以将其显示在屏幕上。在 pickImage()末尾添加 fetchResponse()确保仅在用户选择图像后才发出 POST 请求。

此外，为了确保在成功解码服务器输出后显示响应图像，在 fetchResponse()的末尾调用了 displayImageResponse()。图 9-14 显示了屏幕的最终预期状态。

至此，我们已经完成了应用程序的构建，可以显示模型的输出。程序特意将两幅图像放在一起，用户可以清晰看到它们之间的区别。

🛈 注意：

image_super_resolution.dart 文件的网址如下。

https://github.com/PacktPublishing/Mobile-Deep-Learning-Projects/tree/master/Chapter9/flutter_image_super_resolution

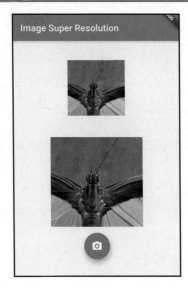

图 9-14

9.9　创建最终应用程序

现在可添加 main.dart 以创建最终的应用程序。我们将创建一个名为 MyApp 的无状态小部件并覆盖 build()方法。

```
class MyApp extends StatelessWidget {
    @override
    Widget build(BuildContext context) {
        return MaterialApp(
            title: 'Flutter Demo',
            theme: ThemeData(
                primarySwatch: Colors.blue,
            ),
            home: ImageSuperResolution(),
        );
    }
}
```

最后按以下方式执行代码。

```
void main() => runApp(MyApp());
```

本项目至此全部完成，该应用程序允许用户选择图像并修改其分辨率。

9.10　小　　结

本章研究了超分辨率图像以及如何使用 SRGAN 创建超分辨率图像。

我们仔细阐释了 GAN 的一般工作原理，还简要介绍了其他类型的 GAN。然后，我们讨论了如何创建一个 Flutter 应用程序，该应用程序可以与托管在 DigitalOcean Droplet 上的 API 集成，以便用户可以在图库中挑选图像，并从服务器获得超分辨率图像。

第 10 章将介绍一些流行的应用程序，这些应用程序通过将深度学习集成到其功能中而得到了很大的改进。我们还将探索手机深度学习的一些热门研究领域，并简要介绍在这些领域所取得的最新成果。

第 10 章　未 来 之 路

到目前为止，本书已经介绍了一系列与 Flutter 应用程序相关的独特而又功能强大的深度学习应用程序，像这样的程序还有很多，重要的是你需要知道在哪里可以找到更多此类程序、灵感和知识来构建自己的酷项目。本章将简要介绍当今在移动应用程序上使用深度学习的最流行应用程序、当前趋势以及未来该领域的预期发展。

本章涵盖以下主题。

❑　了解移动应用程序在深度学习方面的最新趋势。

❑　探索移动设备深度学习的最新发展。

❑　探索移动应用程序中深度学习的当前研究领域。

让我们从研究移动应用程序深度学习世界的一些趋势开始。

10.1　了解移动应用程序在深度学习方面的最新趋势

仅仅在数年之前，在像手机这样的移动设备上进行深度学习仍然是不可想象的，因为其时的手机在计算资源上存在很大的限制。但是，随着最新技术和硬件的进步，深度学习以及更广泛意义上的人工智能，正变得越来越具有移动性。

各种企业和组织都在使用智能算法来提供个性化的用户体验并提高应用程序参与度。随着人脸检测、图像处理、文本识别、对象识别和语言翻译等技术的出现，移动应用程序已不仅仅是提供静态信息的媒介，它们还能够适应用户的个人偏好和选择，以及当前和过去的环境情况，以提供无缝的用户体验。

接下来，让我们看看一些流行的应用程序及其部署的方法，它们都能够提供良好的用户体验，同时提高应用程序的参与度。

10.1.1　Math Solver

由 Microsoft 于 2020 年 1 月 16 日推出的 Math Solver（数学解算器）应用程序可帮助学生完成数学作业。它支持数学题拍照计算，还可以直接输入方程式进行计算，计算结果比较精准，能够帮助用户快速解答题目。

该应用程序可为基本和高级数学问题提供支持，涵盖广泛的主题，包括初等算术、二次方程、微积分和统计学等。图 10-1 显示了该应用程序的工作流程。

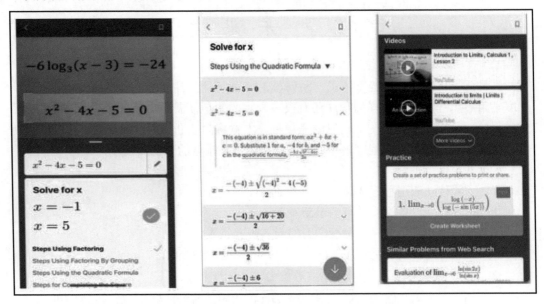

图 10-1

用户可以通过智能手机给手写或打印的数学问题拍照，或者直接在设备上输入问题。该应用程序可利用人工智能识别问题并准确解答问题。此外，它还提供了分步说明，以及其他学习材料，例如与问题相关的工作表和视频教程等。

10.1.2　Netflix

Netflix 是美国一个颇为成功的会员订阅制的流媒体播放平台（类似中国的爱奇艺），其推荐系统是在移动应用程序上使用深度学习的最大成功案例之一。Netflix 利用了多种算法来了解用户的偏好，并提出他们可能感兴趣的推荐列表。

Netflix 的所有内容都带有标签，这些标签提供了算法可以从中学习的初始数据集。此外，该系统监控超过 1 亿个用户的配置文件，以分析人们观看的内容、他们以后可能观看的内容、他们之前观看过的内容、一年前观看的内容等。收集到的所有数据都汇集在一起，以了解用户可能感兴趣的内容类型。

这些通过标签和用户行为收集的数据将被汇总并输入复杂的机器学习算法。这些数据有助于解释可能蕴含最重要因素的东西。例如，如果某个用户一年前观看了某电影，而上周又观看了相同主题的连续剧，则一年前的电影应该被计算两次。

其算法还可以从用户行为中学习。例如，用户是否喜欢或不喜欢特定内容，或者用户有哪些愿意熬通宵观看的节目。所有这些因素都汇集在一起并经过仔细分析，从而生成用户可能最感兴趣的推荐列表。

10.1.3　Google Map

Google Map（谷歌地图）可帮助旅行者前往新地方、探索新城市并监控日常交通状况。2019 年 6 月上旬，Google Map 发布了一项新功能，使用户能够监控主要城市的公交出行时间，并获取实时更新。该功能可利用 Google 的实时交通数据和公共巴士时刻表来计算准确的旅行时间和延误。支持该功能的算法会随着时间的推移从总线位置序列中学习。该数据可进一步与上下班时公交车的行驶速度结合在一起，还可用于捕捉特定街道的独特属性。研究人员还模拟了针对某个区域弹出查询的可能性，以使模型更加可靠和准确。

10.1.4　Tinder

Tinder 是一款手机交友应用程序，它部署了许多学习模型来增加喜欢特定个人资料的人数。智能照片功能增加了用户找到正确匹配项的可能性。该功能随机排列特定用户的图片并将其展示给其他人。支持该功能的算法会分析向左或向右滑动图片的频率。它使用这些知识根据图片的受欢迎程度对图片进行重新排序。随着收集到的数据越来越多，其算法的准确性也在不断提高。

10.1.5　Snapchat

Snapchat 是由斯坦福大学两位学生开发的一款"阅后即焚"照片分享应用。用户可以拍照、录制视频、添加文字和图画，并将它们发送到自己的好友列表。这些照片及视频被称为快照（snap）。

Snapchat 使用的滤波器是添加在图片和视频之上的设计叠加层，具有跟踪面部运动的能力。这些滤波器是通过计算机视觉实现的。

该应用程序使用算法的第一步是检测图像中存在的人脸。它将输出被检测到的人脸的边界框，然后为每个检测到的面部标记面部标志，如眼睛、鼻子和嘴唇。这里的输出一般是一个包含 x 坐标和 y 坐标的二维点。

在正确检测到人脸和面部特征后，它会使用图像处理技术在整个面部正确放置或应用滤镜。该算法使用主动形状模型（active shape model）进一步分析关键面部特征。该模型在通过手动标记关键面部特征的边界进行训练后，可创建一个与屏幕上出现的人脸对齐的人脸。该模型可创建一个网格来正确放置滤波器并跟踪它们的运动。

接下来，我们将讨论深度学习的研究领域。

10.2　探索移动设备上深度学习的最新发展

随着软硬件的不断优化，深度学习和人工智能与移动应用程序也不断结合在一起，以在设备上有效地运行模型。让我们来看看其中一些应用。

10.2.1　Google MobileNet

Google MobileNet 于 2017 年推出。它是一组基于 TensorFlow 的移动优先计算机视觉模型，经过精心优化，可在受限的移动环境中高效运行。它可以充当复杂神经网络结构的准确率与移动运行时的性能限制之间的桥梁。

由于该模型具有在设备本地运行的能力，因此 MobileNet 具有安全性、隐私性和灵活可访问性的优势。在处理计算机视觉模型时，MobileNet 的两个最重要的目标是减小尺寸和最小化复杂度。

MobileNet 的第一个版本提供了低延迟模型，能够在有限的资源下顺利工作。它们可用于分类、检测、嵌入和分割，支持广泛的用例。

MobileNet V2 于 2018 年发布，它是对第一个版本的重大增强，可用于语义分割、对象检测和分类。

MobileNet V2 作为 TensorFlow-Slim 图像分类库的一部分推出，可以直接从 Colaboratory 访问，也可以在本地下载，使用 Jupyter 进行探索，并且可以从 TF-Hub 和 GitHub 访问。添加到该架构中的两个最重要的特性是层之间的线性瓶颈，以及瓶颈之间的快捷连接。瓶颈对中间输入和输出进行编码，内层支持从较低级别的概念转换为较高级别的描述子（descriptor）的能力。

传统的残差连接和捷径有助于减少训练时间并提高模型的准确率。与第一个版本相比，MobileNet V2 更快、更准确，并且需要更少的操作和参数。它可以非常有效地应用于对象检测和分割以提取特征。

ℹ️ **注意：**

有关这项研究工作的更多信息，可访问以下网址。

https://arxiv.org/abs/1905.02244

10.2.2　阿里巴巴移动神经网络

阿里巴巴移动神经网络（mobile neural network，MNN）是一个开源的轻量级深度学习推理引擎。阿里巴巴工程副总裁贾扬清表示："相比 TensorFlow、Caffe2 等涵盖训练和推理的通用框架，MNN 专注于推理的加速和优化，解决模型部署过程中的效率问题，使模型后面的服务可以在移动端更高效地实现，这其实和 TensorRT 等服务器端推理引擎的思路是一致的。在大规模机器学习应用中，推理的计算次数通常是 10 倍以上用于训练。因此，优化推理尤为重要。"

MNN 的主要关注领域是深度神经网络（deep neural network，DNN）模型的运行和推理。它专注于模型的优化、转换和推理。

MNN 已在阿里巴巴旗下多款移动应用中成功运行，如移动天猫、手机淘宝、飞猪、UC、千牛、聚划算等，涵盖搜索推荐、短视频抓拍、直播、股权分配、安全风控、互动营销、产品图片搜索等诸多现实场景。菜鸟呼叫柜等物联网（IoT）设备也在更多地利用技术。MNN 具有很高的稳定性，每天可以运行超过 1 亿次。

MNN 具有高度的通用性，并支持市场上大多数流行的框架，如 TensorFlow、Caffe 和 open neural network exchange（ONNX）。它同样兼容常见的神经网络，如卷积神经网络（convolutional neural network，CNN）和关系神经网络（relational neural network，RNN）。

MNN 是轻量级的，针对移动设备进行了高度优化，并且没有依赖性。它可以轻松部署到移动设备和各种嵌入式设备。它还支持主要的移动操作系统 Android 和 iOS，以及带有便携式操作系统接口（portable operating system interface，POSIX）的嵌入式设备。

MNN 独立于任何外部库，可提供非常高的性能。其核心操作是通过大量手写汇编代码实现的，以最大限度地利用高级 RISC 机器（advanced RISC machine，ARM）CPU。

借助高效的图像处理模块（image processing module，IPM），MNN 可加速仿射变换（affine transform）和色彩空间变换，而无须 libyuv 或 OpenCV，使用方便。

接下来，我们讨论一下预期在未来将变得越来越重要的一些领域。

10.3　探索移动应用程序中深度学习的当前研究领域

活跃的研究人员社区、大量时间和精力的投入，这些对于任何研究领域的健康发展都至关重要。幸运的是，深度学习（DL）在移动设备上的应用引起了全球开发者和研究人员的强烈关注，许多手机制造商，如华为、三星、苹果、Realme 和小米等，都将深度学习直接集成到他们生产的所有设备的系统用户界面（UI）中。这极大地提高了模型运行的速度，并且系统更新会定期提高模型的准确率。

让我们来看看该领域一些最受欢迎的研究领域以及它们的进展情况。

10.3.1　时装图像

2019 年，Yuying Ge 和 Ruimao Zhang 等人提供了 DeepFashion2 数据集。该数据集是对 DeepFashion 数据集的改进，包括来自卖家和消费者的 491000 张图片。该数据集识别了 801000 件服装。数据集中的每个项目都标有比例、遮挡、放大、视点、类别、风格、边界框、密集特征地标和每像素掩码。

该数据集在训练集中有 391000 张图像，在验证集中有 34000 张图像，在测试集中有 67000 张图像。

该数据集提供了提出更好模型的可能性，这些模型能够从图像中识别时尚服装和不同的服装项目。人们很容易想象这个数据集可以带来的应用范围。例如，在线商店可根据消费者经常一起穿的衣服向客户推荐产品，以及产品的首选品牌和预期价格范围。或者，通过识别人们所穿的服装和品牌，可以识别任何人可能的职业及其财务状况、宗教信仰和地理细节等。这就是以前熟练的售货员所掌握的"以衣识人"技能，只不过在大数据和深度学习的加持下，今天的"以衣识人"应用程序可能判断得更加准确。

🛈 注意：

有关 DeepFashion2 数据集的更多信息，可访问以下网址。

https://arxiv.org/abs/1901.07973

10.3.2　自注意力生成对抗网络

本书第 9 章"构建超分辨率图像应用程序"详细讨论了使用生成对抗网络（generative adversarial network，GAN）的应用程序，构建了通过低分辨率图像生成高分辨率图像的示例。虽然 GAN 网络在学习模仿艺术和模式方面可以取得相当不错的效果，但是，在需要记住较长序列的情况下，以及在序列的多个部分对生成输出很重要的情况下，它们的效果也可能差强人意。

因此，由 Ian Goodfellow 和他的团队提出的自注意力生成对抗网络（self-attention GAN，SAGAN）较受关注，它们同样是 GAN 系统，允许对图像生成任务进行注意力驱动和远程依赖项建模。该系统在 ImageNet 数据集上有较好的表现，预计未来可能会被广泛采用。

　　Jason Antic 的 DeOldify 项目就是使用自注意力生成对抗网络（SAGAN）完成的。该项目旨在给以前的黑白图像和视频上色。图 10-2 显示了 DeOldify 项目中的一个示例。

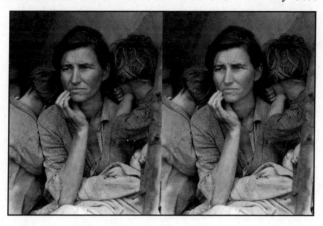

图 10-2

　　图 10-2 中左侧的原图是由 Dorothea Lange 拍摄的 Migrant Mother（移民母亲）（1936 年）。该图片取自 DeOldify GitHub 存储库，其网址如下。

https://github.com/jantic/DeOldify

该项目可在以下网址进行测试和演示。

https://deoldify.ai/

有关 SAGAN 的更多信息，可访问以下网址。

https://arxiv.org/abs/1805.08318

10.3.3　图像动态化

　　Facebook 是一个流行的社交媒体平台，拥有适用于多个平台的专用应用程序，它一直致力于创建工具，让用户可以使用只能拍摄 2D 图像的普通相机生成 3D 图像。

　　图像动态化（image animation）就是这样一种类似的技术，它允许用户将静态图像转换为动画。可以想象，这项技术有一个非常令人兴奋的用途：人们可以先自拍，然后从动作库中选择一个动画应用于他们的自拍图像，就好像他们自己做过这些动作一样。

　　虽然该技术目前还处于一个非常初级的阶段，但图像动态化很可能成为一种流行且有趣的应用程序。采用深度伪造技术的类似应用程序其实已经面世，例如中国的 Zao 应用程序。它是一款可以换脸的视频制作手机软件。用户可以将自己或他人的脸无缝替换，并且还支持改变说话口型等功能。

注意：

有关图像动态化研究的论文，可访问以下网址。

https://arxiv. org/abs/2003.00196v1

10.4　小　　结

本章讨论了一些最流行的移动应用程序，这些应用程序因其在业务产品中使用了深度学习而著称。我们还探讨了移动应用程序深度学习领域当前的最新发展，最后，探索了该领域中一些令人兴奋的研究，以及它们的发展前景。

到目前为止，你应该对在移动应用程序上部署深度学习，以及如何使用 Flutter 构建在所有流行移动平台上运行的跨平台移动应用程序有了一个很好的了解。

在本书结束时，我们衷心希望你能充分利用本书提出的想法和知识，开发出自己的产品，从而为这个技术领域带来一场革命。

附录 A

计算机科学的世界令人兴奋，因为它允许将多个软件组合在一起以合作构建新事物。在本附录中，我们将详细介绍在移动设备应用程序上进行深度学习之前需要设置的工具、软件和在线服务。

本章涵盖以下主题。

❑ 在云端虚拟机上设置深度学习环境。
❑ 安装 Dart SDK。
❑ 安装 Flutter SDK。
❑ 配置 Firebase。
❑ 设置 Visual Studio Code。

A.1 在云端虚拟机上设置深度学习环境

本节将提供有关如何在 Google 云平台（Google Cloud Platform，GCP）计算引擎虚拟机（Virtual Machine，VM）实例上设置环境以执行深度学习的快速指南。这里描述的方法也大致适用于其他云平台。

首先，我们将介绍如何创建 GCP 账户并为其启用结算功能。

A.1.1 创建 GCP 账号并启用结算功能

要创建 GCP 账户，首先需要一个 Google 账户。如果你有以@gmail.com 结尾的电子邮件地址或 G Suite 账户，则表明你已经拥有 Google 账户。如果没有，可以通过访问以下网址快速创建一个 Google 账户。

https://accounts.google.com/sigNup

登录 Google 账户后，执行以下操作步骤。

（1）在浏览器中访问以下网址。

console.cloud.google.com

（2）接受在弹出窗口中显示的条款。

（3）此时可以看到 GCP Console 仪表板。你可以通过阅读以下网址的支持文档来快速了解此仪表板。

https://support.google.com/cloud/answer/3465889

（4）在左侧导航菜单上，单击 Billing（账单）以打开计费管理仪表板。系统将提示你添加计费账户，如图 A-1 所示。

Billing
Accounts
Add a billing account to access the full set of services and increased usage limits. Learn more
Add billing account

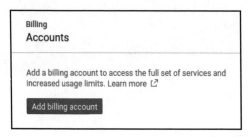

图 A-1

（5）单击 Add billing account（添加计费账户）按钮。如果你符合条件，则会被重定向到 GCP 免费试用注册页面。有关免费试用的更多信息，可访问以下网址。

https://cloud.google.com/free/docs/gcp-free-tier

然后，你会看到类似于图 A-2 所示的界面。

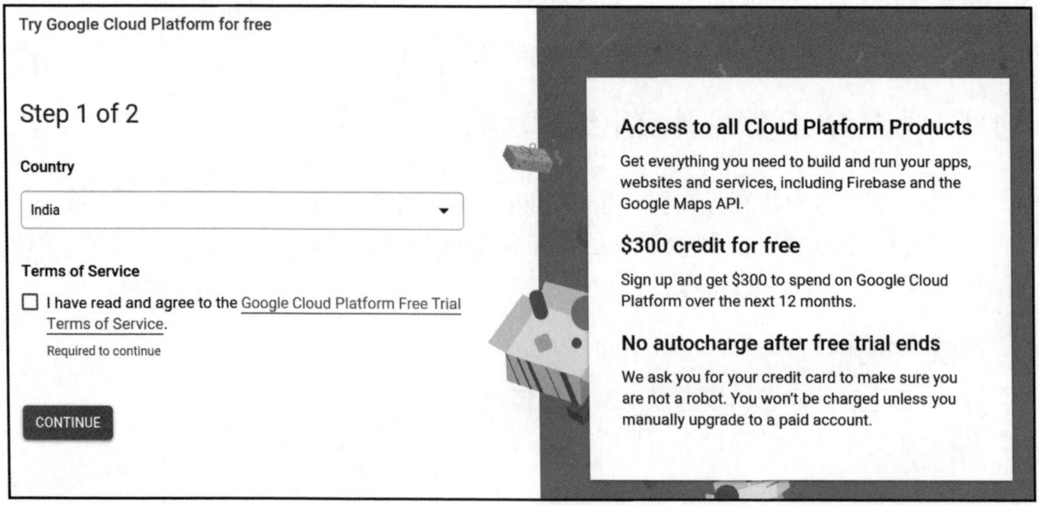

Try Google Cloud Platform for free
Step 1 of 2
Country
India
Terms of Service
I have read and agree to the Google Cloud Platform Free Trial Terms of Service.
Required to continue
CONTINUE
Access to all Cloud Platform Products
Get everything you need to build and run your apps, websites and services, including Firebase and the Google Maps API.
$300 credit for free
Sign up and get $300 to spend on Google Cloud Platform over the next 12 months.
No autocharge after free trial ends
We ask you for your credit card to make sure you are not a robot. You won't be charged unless you manually upgrade to a paid account.

图 A-2

（6）按要求填写表格。创建完账单后，即可返回 GCP Console 仪表板。

现在你已成功创建 GCP 账号并为其启用结算功能，可以在 GCP 控制台中创建一个项目并为该项目分配资源。接下来我们将演示该操作。

A.1.2 创建项目和 GCP 计算引擎实例

本节将在 GCP 账户上创建一个项目。GCP 中的所有资源都封装在项目下。项目可以属于某个组织，也可以不属于某个组织。一个组织下可以有多个项目，一个项目内部可能有多个资源。创建项目的操作步骤如下。

（1）在屏幕左上角，单击 Select a project（选择项目）下拉菜单。

（2）在出现的对话框中，单击右上角的 New project（新建项目）。

（3）此时可以看到新项目的创建表单，如图 A-3 所示。

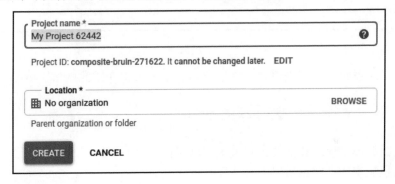

图 A-3

（4）填写必要的详细信息后，单击 CREATE（创建）按钮以完成项目的创建。创建项目后，将进入项目的仪表板。在这里可以查看与当前所选项目相关的一些基本日志记录和监控。阅读有关 GCP 资源组织方式的更多信息，可访问以下网址。

https://cloud.google.com/docs/overview

（5）在左侧导航窗格中，单击 Compute Engine（计算引擎）选项。系统将提示你创建一个虚拟机实例。

（6）单击 CREATE（创建）按钮以显示 Compute Engine 实例创建表单。根据需要填写表格。我们假设你在创建实例时选择了 Ubuntu 18.04 LTS distribution。

（7）确保在 Firewall（防火墙）部分选中了 Allow HTTP traffic（允许 HTTP 流量）和 Allow HTTPS traffic（允许 HTTPS 流量）复选框，如图 A-4 所示。

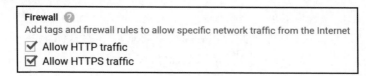

图 A-4

（8）单击 CREATE（创建）按钮。GCP 开始配置 VM 实例。你将转到 VM 实例管理页面。在此页面上，你将看到自己的虚拟机，如图 A-5 所示。

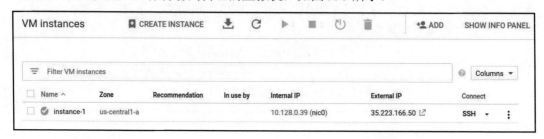

图 A-5

现在可以配置此 VM 实例以执行深度学习。接下来将介绍此操作。

A.1.3　配置 VM 实例以执行深度学习

本节将指导你如何安装软件包和模块，以在你创建的 VM 实例上执行深度学习。这些软件包和模块安装说明也适用于其他云服务提供商。

💡 提示：

也可以在本地系统上使用类似的命令，以设置本地深度学习环境。

让我们从调用 VM 的终端开始。

（1）单击 VM 实例页面上的 SSH 按钮以启动与虚拟机的终端会话。

（2）此时应该看到终端会话已启动，其中包含一些与系统相关的一般信息和上次登录的详细信息，如图 A-6 所示。

（3）现在对这个新创建的实例的包存储库执行更新。

```
sudo apt update
```

（4）我们将在此虚拟机上安装 Anaconda。

Anaconda 是一个流行的软件包集合，可用于通过 Python 执行深度学习和数据科学相关的任务。它与 conda 包管理器打包在一起，这使得我们可以轻松管理在系统上安装的不同版本的 Python 包。要安装它，首先需要获取 Anaconda 安装程序，下载链接如下。

https://www.anaconda.com/distribution/#download-section

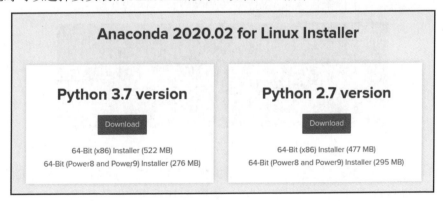

```
Welcome to Ubuntu 18.04.4 LTS (GNU/Linux 5.0.0-1033-gcp x86_64)

 * Documentation:  https://help.ubuntu.com
 * Management:     https://landscape.canonical.com
 * Support:        https://ubuntu.com/advantage

 System information as of Thu Mar 19 23:28:40 UTC 2020

 System load:  0.0                Processes:            92
 Usage of /:   12.1% of 9.52GB    Users logged in:      0
 Memory usage: 6%                 IP address for ens4: 10.128.0.39
 Swap usage:   0%

0 packages can be updated.
0 updates are security updates.



The programs included with the Ubuntu system are free software;
the exact distribution terms for each program are described in the
individual files in /usr/share/doc/*/copyright.

Ubuntu comes with ABSOLUTELY NO WARRANTY, to the extent permitted by
applicable law.

xprilion@instance-1:~$
```

图 A-6

此时可以选择要安装的 Anaconda 版本，如图 A-7 所示。

Anaconda 2020.02 for Linux Installer

Python 3.7 version	Python 2.7 version
Download	Download
64-Bit (x86) Installer (522 MB)	64-Bit (x86) Installer (477 MB)
64-Bit (Power8 and Power9) Installer (276 MB)	64-Bit (Power8 and Power9) Installer (295 MB)

图 A-7

（5）建议选择左侧的 Python 3.7 version（Python 3.7 版本）。右击 Download（下载）按钮，然后在菜单中找到允许复制链接地址的选项。

（6）切换到 VM 实例的终端会话。使用以下命令将占位符文本替换为你刚才获得的下载链接地址，如下所示。

```
curl -O <link_you_have_copied>
```

（7）上述命令会将 Anaconda 安装程序下载到当前用户的主目录。要验证它，可以使用 ls 命令。现在要将此文件设置为可执行文件，可使用以下命令。

```
chmod +x Anaconda*.sh
```

（8）现在系统可以执行安装程序文件了。要开始执行，请使用以下命令。

```
./Anaconda*.sh
```

（9）开始安装。此时你应该会看到一个提示，询问你是否接受 Anaconda 软件的许可协议，如图 A-8 所示。

```
Welcome to Anaconda3 2020.02

In order to continue the installation process, please review the license
agreement.
Please, press ENTER to continue
>>>
```

图 A-8

（10）按 Enter 键继续查看许可。你将看到许可文件。

（11）按向下箭头键阅读协议。输入 yes 接受许可。

（12）系统会要求你确认 Anaconda 安装的位置，如图 A-9 所示。

```
Anaconda3 will now be installed into this location:
/home/xprilion/anaconda3

  - Press ENTER to confirm the location
  - Press CTRL-C to abort the installation
  - Or specify a different location below

[/home/xprilion/anaconda3] >>>
```

图 A-9

（13）按 Enter 键确认位置。即开始提取软件包并安装。完成后，系统会询问你是否要初始化 Anaconda 环境；在此处输入 yes，如图 A-10 所示。

```
Do you wish the installer to initialize Anaconda3
by running conda init? [yes|no]
[no] >>> yes
```

图 A-10

（14）现在安装程序将完成其任务并退出。要激活 Anaconda 环境，请使用以下命令。

```
source ~/.bashrc
```

（15）你已经成功安装了 Anaconda 环境并将其激活。要检查是否安装成功，可在终端中输入以下命令。

```
python3
```

如果命令的输出如图 A-11 所示包含"Anaconda, Inc."字样（在第二行），则表示你的安装已成功。

```
(base) xprilion@instance-1:~$ python3
Python 3.7.6 (default, Jan  8 2020, 19:59:22)
[GCC 7.3.0] :: Anaconda, Inc. on linux
Type "help", "copyright", "credits" or "license" for more information.
>>>
```

图 A-11

现在可以在此环境中运行深度学习脚本。但是，将来你也可能希望向此环境添加更多实用程序库，如 PyTorch 或 TensorFlow（或任何其他包）。由于本书假设你熟悉 Python，因此不会详细讨论 pip 工具。

接下来，让我们看看如何在虚拟机上安装 TensorFlow。

A.1.4　在虚拟机上安装 TensorFlow

TensorFlow 是执行深度学习的绝佳框架。要安装它，可使用以下命令。

```
# TensorFlow 1（仅支持 CPU）
python3 -m pip install tensorflow==1.15

# TensorFlow 1（支持 GPU）
python3 -m pip install tensorflow-gpu==1.15

# TensorFlow 2（仅支持 CPU）
python3 -m pip install tensorflow

# Tensorflow 2（支持 GPU）
python3 -m pip install tensorflow-gpu
```

Python 中另一个经常安装的流行库是自然语言工具包（natural language tool kit, NLTK）库。接下来将演示其安装过程。

A.1.5　在虚拟机上安装 NLTK 并下载数据包

要在虚拟机上安装 NLTK 并为其下载数据包，请执行以下操作步骤。

（1）使用 pip 安装 NLTK。

```
python3 -m pip install nltk
```

（2）NLTK 有多种不同的数据包可用。在大多数用例中，不需要用到所有数据包。
要列出 NLTK 的所有可用数据包，请使用以下命令。

```
python3 -m nltk.downloader
```

上述命令的输出将允许你以交互方式查看所有可用的数据包，此时你可以先选择需
要的包，然后下载它们。

（3）如果只想下载其中一个包，请使用以下命令。

```
python3 -m nltk.downloader stopwords
```

上述命令将下载 NLTK 的停用词数据包。

只有在极少数情况下，你才需要 NLTK 中的所有可用数据包。

经过上述设置之后，你应该能够在云端虚拟机上运行大多数深度学习脚本。

下一节将介绍如何在本地系统上安装 Dart。

A.2　安装 Dart SDK

Dart 是一种由 Google 开发的面向对象的语言。它可用于移动和 Web 应用程序开发。
Flutter 就是用 Dart 语言构建的。Dart 具有基于即时（just in time，JIT）的开发周期，可
与有状态的热重载和提前编译器兼容，可实现快速启动和可预测的性能，这使其适用于
Flutter。

以下各节介绍了如何在 Windows、macOS 和 Linux 上安装 Dart。

A.2.1　Windows

在 Windows 中安装 Dart 的最简单方法是使用 Chocolatey。只需在终端中运行以下命
令即可。

```
C:\> choco install dart-sdk
```

接下来，让我们看看如何在 Mac 系统上安装 Dart。

A.2.2　macOS

要在 macOS 上安装 Dart，请执行以下操作步骤。

（1）通过在终端中运行以下命令来安装 Homebrew。

```
$ /usr/bin/ruby -e "$(curl -fsSL
https://raw.githubusercontent.com/Homebrew/install/master/install)"
```

（2）运行以下命令安装 Dart。

```
$brew tap dart-lang/dart
$brew install dart
```

接下来，我们将看看如何在 Linux 系统上安装 Dart。

A.2.3　Linux

在 Linux 中可按以下方式安装 Dart SDK。

（1）执行以下一次性设置。

```
$sudo apt-get update
$sudo apt-get install apt-transport-https
$sudo sh -c 'wget -qO-
https://dl-ssl.google.com/linux/linux_signing_key.pub |
apt-key add -'
$sudo sh -c 'wget -qO-
https://storage.googleapis.com/download.dartlang.org/linux/debian/
dart_stable.list > /etc/apt/sources.list.d/dart_stable.list'
```

（2）安装稳定版。

```
$sudo apt-get update
$sudo apt-get install dart
```

接下来，让我们看看如何在本地机器上安装 Flutter SDK。

A.3　安装 Flutter SDK

Flutter 是 Google 的一个工具包，用于使用单个代码库构建本地编译的 Android、iOS

和 Web 应用程序。诸如热重载的快速开发、易于构建的富有表现力的 UI 以及本机性能等特性都使 Flutter 成为应用程序开发人员的首选。所谓热重载（hot reload），就是指在无须重新启动应用程序的情况下快速测试、构建用户界面、添加功能和修复错误。在第 A.5.5 节"尝试热重载"中有更详细的介绍。

以下各小节将介绍如何在 Windows、macOS 和 Linux 上安装 Flutter SDK。

A.3.1　Windows

要在 Windows 上安装 Flutter，可按以下步骤操作。

（1）从以下网址下载 Flutter SDK 最新稳定版。

https://storage.googleapis.com/flutter_infra/releases/stable/windows/flutter_windows_v1.9.1+
hotfix.6-stable.zip

（2）解压 ZIP 文件夹，导航到要安装 Flutter SDK 的目录，放置 flutter 文件夹。

💡 提示：

不要将 flutter 放在可能需要特殊权限的目录（如 C:\Program Files\）中。

（3）单击 Windows 10 系统左下角的"开始" | "设置"，如图 A-12 所示。

图 A-12

（4）在出现的"设置"面板中，在顶部搜索栏输入 env 并选择"编辑系统环境变量"，如图 A-13 所示。

（5）在出现的"系统属性"对话框"高级"选项卡下，单击"环境变量"按钮，然后在"用户变量"下，使用英文分号（;）作为分隔符，将 flutter/bin 追加到 Path 中。

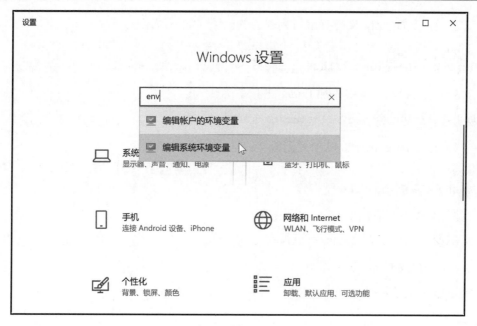

图 A-13

提示：

如果缺少 Path 条目，则只需创建一个新的 Path 变量并将其值设置为 flutter/bin。

（6）在终端中运行以下命令。

```
flutter doctor
```

注意：

flutter doctor 可分析整个 Flutter 安装，检查是否需要更多工具才能在机器上成功运行 Flutter。

接下来，让我们看看如何在 Mac 系统上安装 Flutter。

A.3.2 macOS

可以按如下方式将 Flutter 安装在 macOS 上。

（1）下载最新的稳定版 SDK。其网址如下。

https://storage.googleapis.com/flutter_infra/releases/stable/macos/flutter_macos_v1.9.1+hotfix.6-stable.zip

（2）将下载的 ZIP 文件夹解压到合适的位置，如下所示。

```
$ cd~/
$unzip ~/Downloads/flutter_macos_v1.9.1+hotfix.6-stable.zip
```

（3）在 PATH 变量中添加 flutter 工具。

```
$ export PATH=`pwd`/flutter/bin:$PATH
```

（4）打开 bash_profile 以永久更新 PATH。

```
$cd ~
$nano .bash_profile
```

（5）将以下行添加到 bash_profile。

```
$ export PATH = $HOME/flutter/bin: $PATH
```

（6）运行以下命令。

```
flutter doctor
```

A.3.3　Linux

在 Linux 上安装 Flutter 的操作步骤如下。

（1）从以下网址下载最新的稳定版 SDK。

https://storage.googleapis.com/flutter_infra/releases/stable/linux/flutter_linux_v1.9.1+hotfix.6-stable.tar.xz

（2）将该文件解压缩到合适的位置。

```
$cd ~/development
$tar xf~/Downloads/flutter_linux_v1.9.1+hotfix.6-stable.tar.xz
```

（3）在 PATH 变量中加入 flutter。

```
$export PATH="$PATH:`pwd`/flutter/bin"
```

（4）运行以下命令。

```
flutter doctor
```

接下来，我们将介绍如何配置 Firebase 以提供 ML Kit 和自定义模型。

A.4　配置 Firebase

Firebase 是 Google 云后端服务的平台之一。它提供的工具可促进应用程序开发并有助于支持庞大的用户群。Firebase 可轻松用于 Android、iOS 和 Web 应用程序。

Firebase 提供的产品，如 Cloud Firestore、ML Kit、Cloud Functions、Authentication、Crashlytics、Performance Monitoring、Cloud Messaging 和 Dynamic Links，有助于构建应用程序，从而在不断增长的业务中提高应用程序质量。

要集成 Firebase 项目，需要创建一个 Firebase 项目并将它集成到你的 Android 或 iOS 应用程序中。接下来，我们将对其进行详细讨论。

A.4.1　创建 Firebase 项目

首先，我们需要创建一个 Firebase 项目并将其链接到我们的 Android 和 iOS 项目。此链接可帮助我们利用 Firebase 提供的功能。

要创建 Firebase 项目，请执行以下操作步骤。

（1）在浏览器地址栏中输入以下地址以访问 Firebase 控制台。

https://console.firebase.google.com

（2）单击 Add project（添加项目）以添加一个新的 Firebase 项目，如图 A-14 所示。

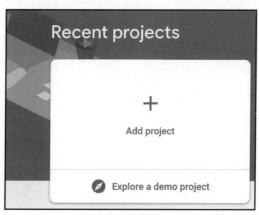

图 A-14

（3）为你的项目提供一个名称，如图 A-15 所示。

图 A-15

（4）根据你的需要启用或禁用 Google Analytics。建议保持启用状态。

ℹ️ **注意：**

Google Analytics 是一种免费且无限制的分析解决方案，可在 Firebase Crashlytics（Firebase 崩溃分析）、Cloud Messaging（云消息传递）、In-App Messaging（应用内消息传递）、Remote Config（远程配置）、A/B Testing（A/B 测试）、Predictions（预测）和 Cloud Functions（云函数）中实现定位、报告等。

（5）如果选择 Firebase Analytics，则还需要 Select an account（选择一个账户），如图 A-16 所示。

图 A-16

在 Firebase 控制台上创建项目后，需要针对 Android 和 iOS 平台分别进行配置。

A.4.2　配置 Android 项目

要配置 Android 项目以支持 Firebase，请按以下步骤操作。

（1）导航到 Firebase 控制台上的应用程序。在项目概览页面的中心，单击 Android 图标以启动工作流设置，如图 A-17 所示。

（2）添加包名称以在 Firebase 控制台上注册应用程序，此处填写的包名称应与你的应用程序的包名称匹配。这里提供的包名称将充当唯一标识键，如图 A-18 所示。

图 A-17   图 A-18

此外，你可以提供昵称和调试签名证书 SHA-1。

（3）下载 google-services.json 文件并将其放在 app 文件夹中，如图 A-19 所示。

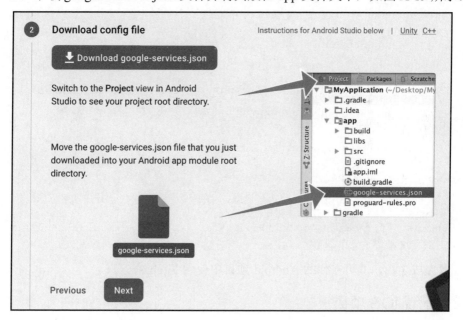

图 A-19

google-services.json 文件存储的是开发者凭据和配置设置，并可充当 Firebase 项目和 Android 项目之间的桥梁。

（4）Google 服务插件的 Gradle 将加载你刚刚下载的 google-services.json 文件。项目

级 build.gradle（位于<project>/build.gradle）应该按以下方式修改，以使用插件。

```
buildscript {
    repositories {
        // 检查是否有以下行，如果没有，则添加
        google() // Google 的 Maven 存储库
    }
    dependencies {
        ...
        // 添加该行
        classpath 'com.google.gms:google-services:4.3.3'
    }
}

allprojects {
    ...
    repositories {
        // 检查是否有以下行，如果没有，则添加
        google() // Google 的 Maven 存储库
        ...
    }
}
```

（5）以下是应用级 build.gradle（位于<project>/<app-module>build.gradle）。

```
apply plugin: 'com.android.application'
// 添加该行
apply plugin: 'com.google.gms.google-services'

dependencies {
    // 为所需的 Firebase 产品添加 SDK
    //
    https://firebase.google.com/docs/android/setup#available-libraries
}
```

配置完成之后，即可在你的 Android 项目中使用 Firebase。

A.4.3 配置 iOS 项目

要配置你的 iOS 项目以支持 Firebase，请按以下步骤操作。

（1）导航到 Firebase 控制台上的应用程序。在项目概览页面的中心，单击 iOS 图标以启动工作流设置，如图 A-20 所示。

（2）添加 iOS bundle ID 名称以在 Firebase 控制台上注册应用程序。你可以在 Xcode

应用程序中主要目标的 General（常规）选项卡中找到自己的 bundle Identifier（包标识符）。
它将用作识别的唯一密钥，如图 A-21 所示。

图 A-20   图 A-21

此外，你还可以提供昵称和 App Store ID。

（3）下载 GoogleService-Info.plist 文件，如图 A-22 所示。

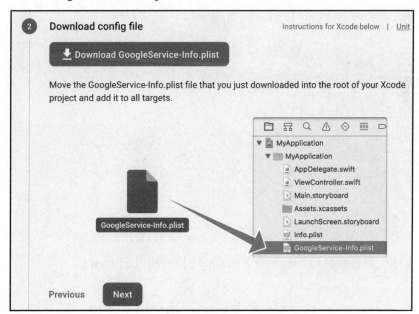

图 A-22

（4）将刚刚下载的 GoogleService-Info.plist 文件移动到 Xcode 项目的根目录中，并将其添加到所有目标中。

Google 服务将使用 CocoaPods 来安装和管理依赖项。

（5）打开终端窗口并导航到应用程序的 Xcode 项目位置。在此文件夹中创建一个 Podfile 文件（如果没有的话）。

```
pod init
```

（6）打开该 Podfile 并添加以下内容。

```
# 为所需的 Firebase 产品添加 pods #
https://firebase.google.com/docs/ios/setup#available-pods
```

（7）保存该文件并运行。

```
pod install
```

这会为你的应用程序创建一个.xcworkspace 文件，可将此文件用于你的应用程序的所有未来开发中。

（8）要在你的应用程序启动时连接到 Firebase，请将以下初始化代码添加到你的主 AppDelegate 类中。

```
import UIKit
import Firebase

@UIApplicationMain
class AppDelegate: UIResponder, UIApplicationDelegate {

    var window: UIWindow?

    func application(_ application: UIApplication,
        didFinishLaunchingWithOptions launchOptions:
            [UIApplicationLaunchOptionsKey: Any]?) -> Bool {
        FirebaseApp.configure()
        return true
    }
}
```

经过上述配置之后，即可在你的 Android 项目中使用 Firebase。

A.5　设置 Visual Studio Code

Visual Studio Code（VS Code）是 Microsoft 开发的轻量级代码编辑器，它的简单性

和广泛的插件库使其成为开发人员的便捷工具。Visual Studio Code 凭借 Dart 和 Flutter 插件以及对应用程序执行和调试的支持，足以轻松开发 Flutter 应用程序。

接下来，我们将演示如何设置 VS Code 来开发 Flutter 应用程序。首先你需要从以下网址下载最新版本的 VS Code。

https://code.visualstudio.com/

A.5.1 安装 Flutter 和 Dart 插件

首先需要在 VS Code 上安装 Flutter 和 Dart 插件。这可以按如下方式完成。

（1）在计算机上运行 VS Code。

（2）单击 View（查看）| Command Palette（命令面板）。

（3）输入 install，然后选择 Extensions: Install Extensions（扩展：安装扩展）。

（4）在 EXTENSIONS（扩展）搜索字段中输入 flutter，从列表中选择 Flutter，然后单击 Install（安装）。该操作也会安装所需的 Dart 插件。

（5）也可以导航到侧边栏以安装和搜索 Extensions（扩展），如图 A-23 所示。

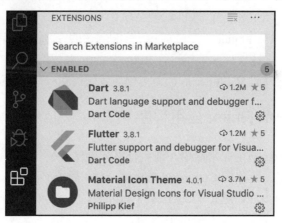

图 A-23

在成功安装 Flutter 和 Dart 扩展后，还需要验证设置。下一小节将介绍此操作。

A.5.2 使用 flutter doctor 验证设置

通常建议你验证设置以确保一切正常。

Flutter 安装可以通过以下方式验证。

（1）单击 View（查看）| Command Palette（命令面板）。

（2）输入 doctor，然后选择 Flutter: Run Flutter Doctor。

（3）查看 OUTPUT（输出）窗格内的输出。任何错误或丢失的库都将显示在该窗格中。

（4）你也可以在终端上运行 flutter doctor 检查是否一切正常，如图 A-24 所示。

```
Doctor summary (to see all details, run flutter doctor -v):
[✓] Flutter (Channel stable, v1.12.13+hotfix.8, on Mac OS X 10.14.6 18G3020, locale en-IN)

[!] Android toolchain - develop for Android devices (Android SDK version 29.0.3)
    ! Some Android licenses not accepted.  To resolve this, run: flutter doctor --android-licenses
[!] Xcode - develop for iOS and macOS
    ✗ Xcode installation is incomplete; a full installation is necessary for iOS development.
      Download at: https://developer.apple.com/xcode/download/
      Or install Xcode via the App Store.
      Once installed, run:
        sudo xcode-select --switch /Applications/Xcode.app/Contents/Developer
        sudo xcodebuild -runFirstLaunch
[!] Android Studio (version 3.5)
    ✗ Flutter plugin not installed; this adds Flutter specific functionality.
    ✗ Dart plugin not installed; this adds Dart specific functionality.
[✓] Connected device (1 available)

! Doctor found issues in 3 categories.
```

图 A-24

图 A-24 显示，虽然 Flutter 本身没问题，但缺少一些其他相关配置。在这种情况下，你可能需要安装所有支持软件并重新运行 flutter doctor 来分析设置。

在 VS Code 上成功设置 Flutter 后，即可创建我们的第一个 Flutter 应用程序。

A.5.3　创建第一个 Flutter 应用程序

创建第一个 Flutter 应用非常简单。请执行以下操作步骤。

（1）单击 View（查看）| Command Palette（命令面板）。

（2）输入 flutter，然后选择 Flutter: New Project。

（3）输入项目名称，如 my_sample_app。

（4）按 Enter 键。

（5）为新项目文件夹创建或选择父目录。

（6）等待项目创建完成并出现 main.dart 文件。

🛈 注意：

有关详细信息，可访问以下网址。

https://flutter.dev/docs/get-started/test-drive

接下来，我们将讨论如何运行你的第一个 Flutter 应用程序。

A.5.4　运行应用程序

新创建的 Flutter 项目带有一个模板代码，因此可以直接在移动设备上运行。创建第一个模板应用程序后，可尝试按如下方式运行。

（1）导航到 VS Code 状态栏（即窗口底部的蓝色栏），如图 A-25 所示。

图 A-25

（2）从设备选择器区域选择你喜欢的设备。

❑　如果没有可用的设备并且你想使用设备模拟器，可以单击 No Device（无设备）并启动模拟器，如图 A-26 所示。

图 A-26

❑　也可以尝试设置真实设备进行调试。

（3）单击 Settings（设置）按钮——右上角的齿轮图标（现在标有红色或橙色指示器），它位于显示 No Configuration（无配置）的 DEBUG（调试）文本框旁边。选择 Flutter 并选择调试配置以创建模拟器（如果它已关闭的话）或运行现在已连接的模拟器或设备。

（4）导航到 Debug（调试）|Start Debugging（开始调试）或按 F5 键。

（5）等待应用程序启动——在 DEBUG CONSOLE（调试控制台）视图中可以看到进度，如图 A-27 所示。

图 A-27

应用程序构建完成后，你会在自己的设备上看到初始化的应用程序，如图 A-28 所示。下一小节，我们来了解一下 Flutter 的热重载功能，因为它有助于快速开发。

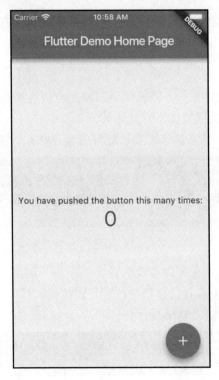

图 A-28

A.5.5　尝试热重载

Flutter 提供的快速开发周期使其适用于时间优化的开发。它支持有状态热重载（stateful hot reload），这意味着你可以重新加载实时运行的应用程序代码，而无须重新启动或丢失应用程序状态。热重载可以描述为一种方法，你可以通过该方法更改应用程序源，告诉命令行工具你要热重载，并在几秒钟内在设备或模拟器上查看更改结果。

在 VS Code 中，可以按如下方式进行热重载。

（1）打开 lib/main.dart。

（2）将字符串"You have pushed the button this many times: "更改为"You have clicked the button this many times:"。在这个过程中不要停止你的应用程序。让应用程序继续运行。

（3）保存更改：调用 Save All（保存全部），或单击 Hot Reload（热重载）。